U0618394

"为渔民服务"系列丛书

全国农业职业技能培训教材

科技下乡技术用书

全国水产技术推广总站·组织编写

现代节水渔业技术

贾 丽 潘 勇 主编

海洋出版社

2017 年 · 北京

图书在版编目（CIP）数据

现代节水渔业技术/贾丽，潘勇主编. —北京：海洋出版社，2017. 7
（为渔民服务系列丛书）
ISBN 978-7-5027-9876-5

Ⅰ. ①现…　Ⅱ. ①贾…　②潘…　Ⅲ. ①鱼类养殖　Ⅳ. ①S965

中国版本图书馆 CIP 数据核字（2017）第 178652 号

责任编辑：朱莉萍　杨　明
责任印制：赵麟苏

海洋出版社　出版发行

http：//www. oceanpress. com. cn

北京市海淀区大慧寺路 8 号　邮编：100081
北京朝阳印刷厂有限责任公司印刷　　新华书店发行所经销
2017 年 7 月第 1 版　2017 年 7 月北京第 1 次印刷
开本：787mm×1092mm　1/16　印张：9.25　彩插：8
字数：130 千字　定价：40.00 元
发行部：62132549　邮购部：68038093　总编室：62114335
海洋版图书印、装错误可随时退换

工厂化车间

工厂化车间

工厂化繁育车间

生物净化

机械过滤

微滤机

池塘循环流水节水渔业模式

池塘循环流水养殖系统

集污系统

调节循环水流速

养殖区

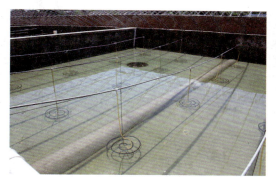

微孔增氧技术

微孔增氧输气管道及曝气管

养殖池

生物浮床

浮床植物种植

生物浮床

木质生物浮床

泡沫材质浮床

生物浮床摆放

生物浮床摆放

生物浮床摆放

生物浮床摆放

水生花卉的根须

竹筏结构生物浮床

滴灌水生蔬菜

底排污排出底层养殖沉积物

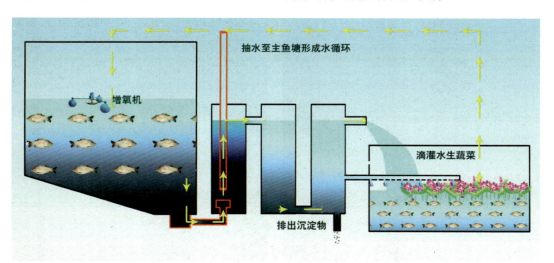

底排污节水渔业技术示意图

底排污水浇灌塘边经济植物

底排污水滴灌果树

底排污鱼粪制成有机肥

干化池+滴灌水生蔬菜

集污池

埋设排污管

排污池

排污口

排污口及拦鱼网

表面流湿地

稻田湿地

潜流湿地植物密度

潜流湿地植物

生态沟渠

植物浮床

白炽灯培养光合细菌

光合细菌培养

培养第 1 天

培养第 5 天（成品）

监测探头

监控中心

视频监控

监视器

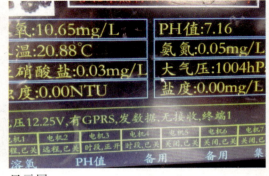
显示屏

"为渔民服务" 系列丛书编委会

主　任：孙有恒

副主任：蒋宏斌　朱莉萍

主　编：朱莉萍　王虹人

编　委：（按姓氏笔画排序）

王　艳　　王雅妮　　毛洪顺　　毛栽华

孔令杰　　史建华　　包海岩　　任武成

刘　彤　　刘学光　　李同国　　李　颖

张秋明　　张镇海　　陈焕根　　范　伟

金广海　　周遵春　　孟和平　　赵志英

贾　丽　　柴　炎　　晏　宏　　黄丽莎

黄　健　　龚珞军　　符　云　　斯烈钢

董济军　　蒋　军　　蔡引伟　　潘　勇

前　　言

　　我国目前水资源人均占有量只有世界平均水平的 1/4，是世界上 13 个最缺水的国家之一。随着我国人口的不断增加、生产与生活用水需求逐步增长，从我国水资源战略考虑，国家已经出台政策：我国未来几十年内农业用水将只能维持在零增长或负增长。我国内陆水域的水产养殖产业发展将受到越来越大的来自水资源短缺的阻力。

　　我国是渔业大国，目前我国水产品总产量和水产养殖产量都位列世界第一，总产量占全世界 30% 以上，水产养殖产量占全世界 70% 以上。据统计，2014 年我国水产品总产量 6 461 万吨，比上年增长 4.69%；其中，养殖水产品产量 4 748 万吨，增长 4.9%。但随着养殖单产不断提高，渔业水域生态环境面临较大压力，渔业水域污染以及由此带来的水产养殖病害和水产品质量安全等问题突出。另一方面，由于人口增加，据估算消费者未来十年内对水产品的需求还将增加 1 000 万吨以上。现有的渔业水域资源已经不能满足水产养殖产业可持续健康发展的需要。

　　综合以上几个原因，发展节水渔业势在必行，利用尽可能少的水资源，生产出更多的水产品，实现节水模式下水产养殖业的高产高效是将来我国水产业发展的趋势。

　　2015 年，农业部全国水产技术推广总站组织编写"为渔民服务"系列丛书，意在面对当前我国渔业发展、渔民增收增效需求，编写一系列实用技术丛书，本书是其中之一。本书汇集了现阶段各地节水渔业研究成果，并结合编者多年来在节水渔业工作方面的研究成果编撰本书。内容包括工厂化循环水养殖技术、池塘循环流水养殖技术、微孔增氧技术、利用生物浮床治理池塘富营养化技术、池塘底排污水质改良技术、人工湿地净化养殖排放水技术、光合细菌在水产养殖中的应用技术和养殖水体水质在线监控技术等节水渔业技术，以作为不同地区发展节水渔业的参考。

由于节水渔业发展历史相对较短，作者水平有限，不足之处请广大读者批评指正。

编　者

2016 年 12 月

目　　录

第一章
我国渔业现状

第一节　我国渔业概述

一、渔业的概念内涵

渔业，又称水产业。是指利用水域以取得具有经济价值的鱼类或其他水生动植物的产业。通常包括采捕水生动植物资源的水产捕捞业和养殖水生动植物的水产养殖业两个部分。

在社会生产发展过程中，渔业的内容发生过几次大变化，渔业的含义也相应地发生了变化。人类早先的渔业，仅限于天然捕捞。后来人们学会了人工饲养鱼类技术，渔业就增加了水产养殖的内容。随着水产加工的发展，又把水产加工包括在渔业中，称为渔业或水产业。

所以目前渔业的一般内涵包括水产捕捞业、水产养殖业、水产加工业以及运输销售业等。广义的渔业还包括渔船制造、渔具制造、渔港建筑、渔用仪器制造、渔需物资供应等。渔业是国民经济的重要组成部分。

目前对于渔业的分类，有以下几个方面：按产品的取得方式可分为捕捞渔业和养殖渔业。按照作业水域分为海洋渔业和淡水渔业，前者包括海洋捕捞业和海水养殖业；后者包括淡水捕捞业和淡水养殖业，淡水渔业在某些国家还成为内陆水域渔业。按照作业水界区分，在海洋方面可分为沿岸渔业、近海渔业、外海渔业和远洋渔业；按水层可分为上层渔业、中下层渔业、底层渔业等。在内陆水域方面可分为湖泊渔业、水库渔业、河沟渔业和池塘渔业。按照捕捞和养殖对象区分，可分为捕鱼业、捕虾业、捕鲸业、养鱼业、养虾业、养贝业、海藻养殖业，等等。按渔具渔法可分为钓渔业、网渔业、捕鲸业、杂渔业等；按动力可分为帆船渔业、机轮渔业。按照渔业性质可分为商业性渔业、休闲渔业，等等。

渔业生产主要有以下特点：① 水产资源的再生性。由于水生生物自身不断繁殖增生的特点，水产自然资源可以直接开发利用，但是必须在服从自然规律的前提下，给自然以繁衍生息的时间和条件，注意保护自然资源，有规划合理地利用自然水生资源，才能保证渔业的持续稳定发展，如果滥渔酷捕，必然导致水产资源衰退枯竭，直接影响渔业的长期发展。同时也可以对水产资源进行人工增养殖，增养殖产品一方面可以直接为人类所用，另一方面也可以用于增加自然水域的渔业资源。② 渔业的对象主要为自然水域和水域中的经济动植物，所以渔业生产必然受自然条件如水文、气象等条件的制约和影响，具有一定风险性。③ 渔业产品的收获一般有固定时间和较大的水域差别，也就是受时间性和地域性影响较大，但是人类对水产品的需求是稳定的，所以水产品的生产销售产业链较长，环节较多，甚至有很多需要国际间合作和贸易。

二、我国渔业水域及资源概况

我国水域辽阔，东部和南部面临渤海、黄海、东海和南海，海岸线长18 000余千米，拥有6 500多个岛屿，主张管辖海域面积约为300万平方千米，滩涂约 2 万平方千米，水深 200 米以内的大陆架面积约 140 万平方千米。10 米等深线以内的浅海面积约 7.8 万平方千米。海域类型有亚寒带、亚热带和热带，但是大部分处于亚热带和热带，气候温和，热量充足，饵料丰富，适于水生生物生长，具有发展水产业得天独厚的条件。内陆水域面积约 20 万平方千米，其中河流 6.8 万平方千米，湖泊 7.4 万平方千米，水库 2 万平方千米，池塘 2 万平方千米。

我国海洋水产生物资源种类繁多，仅鱼类就有 3 000 多种，虾类 300 多种，蟹类 600 多种。当前世界水产养殖种类约 270 种，其中鱼类 150 种，虾蟹类 40 种，贝类 70 种。我国水产养殖种类约 200 种，其中鱼类 100 余种，虾蟹类 10 余种，贝类 10 余种，藻类 10 余种。

我国渔业区划分为三个大区，即内陆水域渔业区、浅海滩涂渔业区和海洋渔业区。内陆水域渔业区把地形、气候带、渔业区系等相似的水域划分为二级区划区，再把渔业发展方向和技术改造途径相一致的水域划分为三级区划区。浅海滩涂养殖区根据纬度带和地貌、地质差异及渔业资源与发展方向的不同划分为二级区和三级区。海洋渔业区按照水深和纬度带划分二级区，在二级区内，根据捕捞工具和捕捞对象的特点再划分三级区。

海洋捕捞生产，习惯上分为沿岸、近海、外海和远洋或深海渔业。沿岸渔业指低潮线外 10 米等深线至 40 米等深线区域，近海渔业区指 40 米等深线至 80～100 米等深线海域，外海渔业区为 80～200 米等深线和 100～200 米等深线一带海域，深海渔业区指 200 米等深线以外的海区。

三、我国渔业发展史

渔业的发展经历了原始、古代、近代至现代各个发展阶段。在原始社会相当长时期内，渔业主要是采集和猎捕水产动植物，是原始人类赖以生存的重要手段。之后经过多年发展，逐渐形成初级产品的产业。随着社会和科学技术的不断发展，水产业内部结构和生产技术日益完善和提高，成为改善人类生活和社会发展的基础产业。现阶段的渔业产品，除了直接供给人类食用外，还成为畜禽饲料、化工原料、医用药品和手工艺品等行业的重要来源。

1. 原始渔业

早在旧石器时代中晚期，处于原始社会早期的人类就在居住地附近的水域中捞取鱼、贝类作为维持生活的重要手段。10万年前山西汾河流域的"丁村人"，已捕捞青鱼、草鱼、鲤和螺蚌等。1万年前北京周口店"山顶洞人"的捕捞物中，有长达80厘米的草鱼和河蚌，以及可能是通过交换得到的海蚶。距今4 000~10 000年的新石器时代，人类的捕鱼技术和能力有了相当的发展。从全国许多古文化遗址出土的这一时期的各种捕鱼工具如骨制的鱼镖、鱼叉、鱼钩和石、陶网坠等，可以推断这一时期已有多种捕鱼方法。除用手摸鱼、用棍棒打鱼和用弓箭射鱼外，已能用鱼镖叉鱼和进行钩钓、网捕等。以兽骨或兽角磨制的鱼镖有多种形式，多具有倒钩，尾可以固定在镖柄上，或拴以绳索，成为带索鱼镖，鱼被刺中挣扎，鱼镖和镖柄脱离，可以持镖柄拉绳取鱼。用鱼钩钓鱼。钓钩有的具倒刺，西安半坡出土的制作精巧，相当锋利，可与现代钓钩相媲美。用网捕鱼的记载见于《易经·系辞下》："作结绳而为网罟，以佃以渔。"各地出土的许多石、陶网坠也说明当时已经使用渔网捕鱼；而渔网上使用网坠是捕鱼技术上的一大进步。网坠形式的多样化和普遍使用，也大体上反映了多种渔网的存在。此外，浙江吴兴钱山漾新石器时代遗址还出土了具有倒梢的竹制鱼笱，这是利用狩猎陷井的捕鱼方法。

在吴兴钱山漾新石器时代遗址出土的文物中，还有长约2米的木桨和陶、石网坠、木浮标、竹鱼篓等，反映了当时已有渔船到开阔的水面进行较大规模的捕捞，太湖地区的渔业已相当发达。同时，沿海地区除采捕蛤、蚶、蛏、牡蛎等贝类外，也已能捕获鲨鱼那样的凶猛鱼类。

2. 古代渔业

已经形成水产捕捞业和水产养殖业两方面。

（1）水产捕捞业

商代的渔业在农牧经济中占有一定地位。甲骨文中的"渔"字形象地勾划了手持钓钩或操网捕鱼的情景。河南安阳殷商遗址出土的文物中，发现了铜鱼钩，还有可以拴绳的骨鱼镖。出土的鱼骨，经鉴别属于青鱼、草鱼、鲤、赤眼鳟和鲻，此外还有鲸骨。鲻和鲸都产于海中。又据《竹书纪年》记载，商周时就"东狩于海，获大鱼"，说明当时可能已有了在海边捕捞大鱼的渔具和技术。

周代是渔业发展的重要时期，捕鱼工具有很大改进。其中潜是一种特殊的渔具渔法，将柴枝置于水中，诱鱼类聚集栖息其下，而捕围之。网具和竹制渔具种类的增多以及特殊渔具渔法的形成，反映出人们进一步掌握了不同鱼类的生态习性，捕鱼技术有了很大的提高。夏季因是鱼鳖繁殖的季节而不能捕捞。当时对捕捞和上市的水产品规格也有了限制"禽兽鱼鳖不中杀，不鬻于市"，小者"欲长之"，"辄舍之"。

从秦、汉到南北朝的七八百年间，人们对鱼类的品种和生态习性积累了更多的知识。许慎《说文解字》所载鱼名达到 70 余种。当时对渔业资源也实行保护政策，如规定"鱼不长一尺不得取"（《文子·上仁》），"制四时之禁"，禁止"竭泽而渔"（《吕氏春秋·上农》）等。

周代所有的渔具渔法这时得到了更加广泛的使用。钓鱼已知使用适宜的饵料。据王充《论衡·乱说》篇载，东汉时期还创造了采用拟饵的新钓鱼法，用真鱼般的红色木制鱼置于水中，以之引诱鱼类上钩。这种用机械代替人力起放大型网具的方法是一项较突出的成就。

这一时期海洋捕鱼也有很大发展。汉武帝时已能制造"楼船""戈船"

等大战船,从而推动了海洋捕捞技术的发展,使鲐、鲭、鳓、石首鱼等中上层和底层鱼类的捕捞成为可能。

唐代的淡水捕捞很发达。内陆水域捕鱼已有专业渔民,诗人称之为"渔人""渔父""渔翁"。渔具则鱼叉、弓箭、钓具、网、箔、梁、笼都已具备。当时的钓具已很完备,有摇钓线的双轮,钩上置饵,钓线缚有浮子,可用以在岸上或船上钓鱼。唐代渔法之多超过历代。如用木棒敲船发声以驱集鱼类,用毒药毒鱼或香饵诱鱼进行捕捞等。鸬鹚捕鱼也已出现。

到了宋代,据邵雍《渔樵问对》记载,当时的钓渔具已达到与现今基本相同的完整形式,范致明《岳阳风土记》还表明当时已有了延绳钓,钓具的装置相当复杂,作业技术也很高超,能钓重达几百斤的大鱼。湖泊捕捞的规模十分可观。如鄱阳湖冬季有时集中几百艘船,用竹竿搅水和敲鼓,驱赶鱼类入网。当时还使用围网捕捞江豚。此外据《辽史·太宗本纪》载,北宋时辽国契丹人已开始冰下捕鱼,契丹主曾在游猎时凿冰钓鱼;此外还有凿冰后用鱼叉叉鱼的作业方法。在海洋捕捞方面,宋、元时期有的海船已实行带有几只小船捕鱼的母子船作业方式。据宋周密《齐东野语》载,宋代捕马鲛鱼的流刺网有数十寻①长,用双船捕捞,说明捕捞已有相当规模。

明代淡水渔具的种类和构造,生动地反映在王圻的《三才图会》中,该书绘图真切,充分显示了广大渔民的创造性。它将渔具分为网、罾、钓、竹器四大类,很多渔具沿用至今。又据《直省府志》记载,明代已使用滚钩捕鱼,捕得的鲟小者100~150千克,大的500~1 000千克。《宝山县志》介绍当时上海宝山已有以船为家的专业渔民,使用的渔具有攀网(板罾)、挑网、牵(拉)网、捞网等,半渔半农者则使用撒网、搅网、罩或叉等小型渔具。当时湖泊捕鱼的规模也相当大,山东微山湖、湖南沅江及洞庭湖一带都有千

---

① 寻:古代长度单位,1寻=8尺,宋代1寻约为2.5米。

百艘渔船竞捕。太湖的大渔船具 6 个帆，船长八丈四五，宽二丈五六，船舱深丈许，可见太湖渔业的发达。在东北，边疆少数民族部落每当春秋季节男女都下河捕鱼，冬季主要是冰下捕鱼。这时的海洋捕鱼业尽管受到海禁的影响，仍有很大进步，出现了专门记述海洋水产资源的专著，如林日瑞的《渔书》、屠本畯的《闽中海错疏》、胡世安的《异鱼图赞》等。这一时期的渔具种类，网具类有刺网、拖网、建网、插网、敷网，钓具类有竿钓、延绳钓，以及各种杂渔具等。渔具的增多表明了对各种鱼类习性认识的深化，捕捞的针对性增强。当时已经出现了有环双船围网，作业时有人瞭望侦察鱼群。南海还用带钩的标枪系绳索捕鲸。东海黄鱼汛时，人们根据黄鱼习性和洄游路线，创造了用竹筒探测鱼群的方法，用网截流捕捞。声驱和光诱也是常用的助渔方法。

（2）水产养殖业

一般认为池塘养鱼始于商代末年。从天然水体中捕捞鱼类到人工建池养殖鱼类，是渔业生产的重大发展；而中国则是世界上最早开始养鱼的国家。

从周初到战国时期，池塘养鱼发展到东部的郑、宋、齐国，东南部的吴、越等国，养鱼成为富民强国之业。据《史记》《吴越春秋》等记载，春秋末年越国大夫范蠡曾养鱼经商致富，相传曾著《养鱼经》。该书反映了 6 世纪以前养鱼技术的若干面貌。

汉代以后，池塘小水面养鱼发展为湖泊、河流等大水面养鱼。据《汉书·武帝本纪》和《西京杂记》所载：汉武帝在长安（今西安）开挖了方圆 40 里（2 里＝1 千米）的昆明池，用于训练水师和养鱼，所养之鱼除供宗庙陵墓祭祀用外，多余的在长安市场销售，致使当地鱼价下跌，可见数量之多。《史记·货殖列传》有"水居千石鱼陂，……此其人皆与千户侯等"的记载，说明可产千石鱼的大水面陂塘获利之厚。南朝齐时有了河道养鱼。据《襄阳耆旧传》载，湖北襄阳岘山下汉水中所产鳊鱼肥美，以木栅栏河道养殖，禁人捕捞。刺史宋敬儿贡献齐帝，每日千尾，可见鳊鱼产量不小。

稻田养鱼在东汉末年可能已出现。魏武《四时食制》中称："郫县（今成都西北）子鱼，黄鳞赤尾，出稻田。"其中的小鲤鱼虽未说明一定是养的，但据出土的东汉墓葬中的水田陂塘模型推测，当时稻田养鲤鱼是可能的。到了唐代，据《岭表录异》载，广东一带将草鱼卵散养于水田中，任其取食田中杂草长大，"既为熟田，又收渔利"。用这种水田种稻无稗草，所以被称为"齐民"的良法。唐、宋时期皇室宫廷养鱼也很盛行，隋炀帝筑西苑，内有池种荷、菱和养鱼。唐代的定昆池、龙池、凝碧池、太液池等都是竞渡和养鱼之所。宋代皇室也筑池训练水师和养鱼。

关于养殖的种类和技术，池塘养鱼在隋唐以前以养鲤为主，此后有了变化。隋炀帝时，西苑池就饲养太湖白鱼。唐末就有购买（草鱼）苗散养水田的记载。宋代青鱼、草鱼、鲢、鳙成了新的养殖对象。据宋《避暑录话》记载，宋末浙东陂塘养鱼是到江外买鱼苗，用木桶运回放于陂塘饲养，3 年长到 1 尺长。南宋时期福建、江西、浙江等地养殖的鱼苗多来自九江一带。当时对鱼苗的存放、除野、运输、喂饵以及养殖等都已有较成熟的经验。当时对鱼病也有一定认识，苏轼《格物粗谈》中提到"鱼瘦而生白点者名虱，用枫树叶投水中则愈"。观赏鱼类的金鱼饲养也始于宋代，这在世界上是最早的。古文献所指金鱼常与鲤、鲫混称，宋代则明确指出饲养金鲫鱼，开始是池养，以后才发展为盆养。南宋高宗建都杭州后，饲养金鱼盛极一时。高宗本人就爱养金鱼，德寿宫建有专养金鱼的泻碧池。

元代的养鱼业因战争受到很大影响，为此元司农司下令"近水之家，凿池养鱼"。《王祯农书》的刊行对全国养鱼也起了促进作用，书中辑录的《养鱼经》，介绍了有关鱼池的修筑、管理，以及饲料投喂等方法。

明、清时期淡水养鱼有更大发展。明黄省曾《养鱼经》、徐光启《农政全书》、清《广东新语》及其他文献都总结了当时的养鱼经验，从鱼苗孵化、采集到商品鱼饲养的各个阶段，包括放养密度、鱼种搭配、饵料、分鱼转塘、施肥和鱼病防治、桑基鱼塘综合养鱼等都有详细记述，达到了较高的技术水平，至今仍有参考价值。明代外荡养鱼也有发展，尤以浙江绍兴一带为最盛。黄省曾《养鱼经》记述了饲养鲻鱼的情况，"鲻鱼，松之人于潮泥地凿池，仲春潮水中，捕盈寸者养之，秋而盈尺"，"为池鱼之最"。《广东新语》则称，"其筑海为池者，辄以顷计"，可见规模之大。金鱼饲养在明清时期发展更为普遍，进入了盆养和人工选择培育新品种的阶段，明李时珍《本草纲目》中说，"宋始有蓄者，今则处处人家养玩矣"。不难看出，当时金鱼的花色品种之多已难胜计。

除养鱼外，中国古代还养殖贝类和藻类，牡蛎早在宋代已用插竹法养殖，明清时期养殖更加广泛。清代广东采用投石方法养殖，如乾隆年间东莞县沙井地区的养殖面积约达 200 顷①。明代浙江、广东、福建沿海已有蚶和缢蛏养殖业，明《闽中海错疏》记载，四明（今浙江宁波一带）有在水田中养殖的泥蚶以及天然生长的野蚶，人们已能对两者正确加以判别；《本草纲目》《正字通》《闽书》等都记述了缢蛏滩涂养殖的方法。

3. 民国时期的渔业

1840 年鸦片战争后，西方工业技术逐渐传入中国。在海船渔业机械发展方面，1905 年，清末南通实业家、翰林院修撰张謇经商部奏准，与苏松太道袁树勋等筹建江浙渔业公司，首次购买德国单拖渔轮"福海"号在东海捕鱼。1921 年山东烟台商人集资从日本引进了双船拖网渔船"富海""贵海"号。1905—1936 年间，民营的单船拖网和双船拖网渔船逐渐发展到 250 艘以上，这是中国机轮渔业发展的初期和兴盛阶段。

---

① 顷：100 亩，约 6.7 公顷，6.7 万平方米。

在水产加工业发展方面，从 1908 年后，大连、塘沽、青岛、上海、定海、烟台、威海等地开始陆续建造渔用机械制冰厂。机冰的扩大使用，促进了水产品保鲜业的发展。江苏南通颐生罐头合资公司开始生产鱼、贝类等水产品罐头，这是中国水产品加工工业的发端。此后，天津、烟台、青岛、舟山、上海等地也陆续建造罐头厂，但鱼类罐头所占的比重都不大。在此期间，鱼粉、鱼油生产和制贝类钮扣等工业性加工也已开始，但产量很少。

在此期间，我国渔业的发展也受到了其他一些国家的影响和阻滞，从 1911 年起，日本为保护其近海水产资源，规定并不断扩大本国沿海的禁渔区域，鼓励日本渔船向包括中国在内的外海、远洋发展。日本长崎、佐贺、福岗等县在中国沿海捕鱼的拖网渔轮曾多达 1 200 艘，此外还对中国沿海进行系统全面的渔业资源调查，向中国倾销鱼货。此间中国近海渔业资源遭到严重破坏。如名贵鱼类真鲷在 1925 年以前占黄海渔获量的 10%，而 1937 年下降至仅 0.37%。抗日战争期间沿海渔民的渔船损失 50% 左右，达 5 万多艘。

在渔政管理方面，辛亥革命后政府颁布的渔业法规有《渔轮护洋缉盗奖励条例》《公海渔业奖励条例》（1914）；《公海渔船检查规则》和前述两条例的实施细则（1915）；《渔业法》《渔会法》（1929）；农矿部颁布《渔业法施行规则》《渔业登记规则》及《渔业登记规则施行细则》（1930）；《海洋渔业管理局组织条例》（1931）等，但实际上大多未能实行。

4. 当代渔业

中华人民共和国成立后，渔业有了很大发展，1949 年全国水产品产量只有 45 万吨（而当时的世界总产量约 2 000 万吨），1986 年水产品总产量达到 823.5 万吨，仅次于日本、苏联而居世界第 3 位。1990 年我国的渔业总产量首次跃居世界第一位，并一直持续至今。现在我国水产品总量已经超过 6 000 万吨，已经占到全世界总产量的 30% 以上。

但我国近几十年来的渔业发展也经历了曲折的过程。

在海洋捕捞方面，20 世纪 50 年代初，国家通过发放渔业贷款，建设渔港、避风港湾和渔航安全设施，并在渔需物质的供应和鱼货运销等各方面给予支持，使渔业生产迅速得到恢复和发展。1952 年产量达 97.2 万吨。50 年代中后期因过度捕捞等原因使近海渔业资源特别是幼鱼资源遭到破坏，导致 60 年代传统主要经济鱼类产量在总渔获量中的比重大幅度下降。1979 年以来，海洋捕捞实行保护资源、调整近海作业结构、开辟外海渔场的方针。从 1985 年起，上海、大连、烟台、舟山、福建、湛江 6 个国营海洋渔业公司派出渔轮采取多种形式在世界 3 大洋 7 个国家的专属经济区内捕鱼，使远洋渔业有了良好的开端。到 1988 年，我国已与 20 多个国家建立渔业合作关系，有近百艘渔船在太平洋、大西洋、印度洋等海域从事捕捞生产，并具有捕捞 10 万吨产量的能力。1988 年我国海洋捕捞产量达到 463 万吨。近年随着我国渔业机械工程技术的发展，海洋捕捞业水平逐渐提升，当前我国海洋年捕捞产量已经突破 1 000 万吨。

淡水捕捞方面，20 世纪 50 年代发展很快，1950 年产量为 30 万吨，1960 年增加到 66.8 万吨。此后由于许多内陆水域兴修水利设施、围湖造田、水质受到工业有毒物质污染等，水域生态平衡遭到破坏，加上毒鱼、电鱼、炸鱼等有害渔具渔法的使用，经济鱼类幼鱼和亲鱼被大量捕捞，水产资源的衰退加剧，1978 年的淡水捕捞产量降至 30 万吨以下。1979 年以来，各地大力调整渔业政策，资源保护和渔政管理措施得到加强，人工放流增殖资源的措施也开始实行渔业资源又有恢复，到 1988 年淡水捕捞的产量达到 65.7 万吨。目前我国年淡水捕捞产量已突破 200 万吨。

在水产养殖业方面，20 世纪 50 年代初期发展较快，之后由于各种历史原因发展速度放缓。1978 年后，海水淡水养殖业蓬勃发展，产量持续高速增长。1988 年养殖产量首次超过捕捞产量，并成为世界第一，一直持续至今。

在海水养殖方面，1958 年海带的人工育苗、施肥养殖以及南移养殖试验获得成功；紫菜养殖自 1959 年起也在人工采苗、育苗和养殖方面相继获得重大进展，使藻类的养殖产量大幅度提高。贝类养殖的主要种类牡蛎、缢蛏、蚶、蛤、贻贝等的产量也稳步增长。对虾养殖自 80 年代初工厂化育苗技术成功以来，迅速在全国许多省份得到发展，成为出口的重要水产品。此外，从 70 年代末以后，养殖品种逐渐增加，栉孔扇贝、裙带菜、石花菜、锯缘青蟹、真鲷、黑鲷、牙鲆、大菱鲆、河豚、石斑鱼、海参等名贵品种的养殖得到逐步发展。优良名贵品种养殖产量比例逐年增加。

淡水养殖方面，20 世纪 50 年代养殖面积逐步扩大，养殖区域由长江流域和珠江流域扩展到华北、东北、西北地区。家鱼繁殖技术得到突破。养殖品种日益增多。鳜鱼、罗非鱼、加州鲈、中华鳖、中华绒螯蟹、鳗鲡等名优品种产量占比逐渐增多。养殖方式向多样化和集约化方向发展。

在水产养殖业持续飞跃式发展的同时，渔业科技飞速发展，创新技术不断涌现。自 20 世纪 60 年代初，四大家鱼人工繁殖技术成功后，各类养殖品种人工繁育养殖技术相继突破；池塘养殖技术居于世界领先水平，尤其是"水、种、饵、密、混、轮、防、管"八字精养法的提出；遗传育种技术不断发展，应用于生产大规模推广的人工培育优良新品种品系逐步增多。20 世纪 80 年代以后水产动物营养饲料研究逐步突破，养殖产量的提升很大程度上依赖人工配合饲料的普及应用；各类养殖模式、生态综合技术逐渐涌现，为渔业可持续发展提供技术支持。

水产养殖业的不断发展不仅解决了国民"吃鱼难"的问题，增加了人们优质蛋白质的摄取来源，同时还带动了饲料、加工、运输等行业的发展。

在水产品保鲜与加工方面，1957 年全国水产系统拥有制冰 709 吨/日、冻结 428 吨/日、冷藏 17 702 吨/次的生产能力。1972 年后，随着灯光围网渔业的发展，制冰冷藏能力有了较大发展。至 1982 年，全国建成大小冷库 250

座，制冰能力达 7 000 吨/日，冻结能力 8 000 吨/日，冷藏能力 25 万吨/次。1980 年后，集体渔业社队冷藏业也得到了发展。沿海省份已建成小型冷库 129 座，冷藏能力达 3 万吨/次，成为国营冷藏业有力的补充。水产加工制品除传统的腌、干制品外，水产罐头、冻鱼、鱼粉、鱼油、鱼肝油、鱼糜制品等制品产量也开始迅速增加。1982 年，我国首次从日本进口鳗鱼加工设备，全国国营水产加工厂年加工产品 130 万吨左右；海带制碘加工已形成完整的加工体系；各种生熟水产品小包装已经成为水产加工的重要途径。近些年来随着设备工艺的提升，我国水产品加工保鲜业得到快速发展，目前已拥有冷库 9 000 余座，冻结能力 66 万吨/日，冷藏能力 488 万吨/次，制冰能力 23 万吨/日。水产加工企业 9 774 个，水产加工品总量达 1 954 万吨。

在水产品贸易方面，在改革开放前，我国水产品贸易量很少，1984 年以后水产品贸易额逐渐增加。以 1987 年为例，当时我国年进出口额分别为 1.13 亿美元和 2.67 亿美元，而全世界年进出口总额分别为 305 亿美元和 280 亿美元。随着我国对外贸易的发展，水产贸易额逐年增加，目前我国水产品年进出口贸易总额约 300 亿美元，连续 10 余年位居我国乃至世界农产品进出口贸易的首位。我国水产品贸易的特点是水产品进口量超过出口量，但是出口额一直超过进口额。

四、我国渔业现状

1. 水产品产量及人均占有量

据统计，2014 年全国水产品年总产量 6 461 万吨，其中养殖产量 4 748 万吨，捕捞产量 1 713 万吨，养殖产品与捕捞产品的产量比例为 77：23；海水产品年产量 3 296 万吨，淡水产品年产量 3 165 万吨，海水产品与淡水产品的产量比例为 51：49。远洋渔业年产量 203 万吨，占水产品总产量的 3% 左右。

2. 渔业经济总产值

截至 2014 年年底，全社会渔业经济年总产值 20 859 亿元，其中渔业产值 10 861 亿元，渔业工业和建筑业产值 4 875 亿元，渔业流通和服务业产值 5 122 亿元。渔业产值中，海洋捕捞产值 1 948 亿元，海水养殖产值 2 815 亿元；淡水捕捞产值 428 亿元，淡水养殖产值 5 073 亿元；水产苗种产值 597 亿元。

3. 水产养殖面积

据统计，2014 年全国水产养殖面积 8 386.36 千公顷，其中，海水养殖面积 2 305.5 千公顷，淡水养殖面积 6 080.9 千公顷，海水养殖与淡水养殖的面积比例为 27:73。

4. 渔船拥有量

2014 年，我国渔船总数 106.5 万艘、总吨位 1 070.4 万吨，其中，机动渔船 68.7 万艘、总吨位 1 021.4 万吨；非机动渔船 37.86 万艘、总吨位为 49 万吨。

机动渔船中，生产渔船 65.8 万艘、总吨位 917.7 万吨；辅助渔船 2.9 万艘、总吨位 103.8 万吨。

5. 渔业人口和渔业从业人员

2014 年渔业人口约 2 000 万人，渔业人口中传统渔民约 680 万人。渔业从业人员约 1 400 万人。

6. 渔民人均纯收入

据对全国 1 万户渔民家庭当年收支情况抽样调查，2014 年全国渔民人均纯收入 14 426 元，比 2013 年增长 10.64%。

7. 水产加工与贸易情况

2014 年水产加工企业 9 663 个，加工能力 2 847 万吨；水产加工品年总量 2 053 万吨，其中淡水加工产品 375 万吨/年，海水加工产品 1 679 万吨/年。

水产品年进出口总量 844.4 万吨、年进出口总额 309 亿美元。其中，出口量 416 万吨/年、出口额 217 亿美元/年。为我国农产品唯一贸易顺差产品。

总体上看，目前我国不仅成为世界第一水产养殖大国，拥有渔船占世界总量的 1/4 左右。水产品总产量已占全球产量的 30% 以上，其中，水产养殖产量占世界养殖水产品产量的 70% 以上，水产品捕捞量占全世界 1/6 左右。据联合国粮农组织（FAO）统计数据，中国水产品出口额已位居世界首位。

第二节 我国水产养殖业的现状、存在的问题及对策

一、我国水产养殖业发展现状

1. 产业逐步发展，产量稳步提高

近年来，在政策引导与科技支撑的作用下，我国的水产养殖业得到了快速发展，取得了诸多瞩目的成就。截至 2014 年，我国水产养殖总面积已经达到 8 386.36 千公顷。淡水养殖面积达到 6 080.9 千公顷，占水产养殖总面积的 72.5%，资源包括江河、湖泊、水库、鱼池等水体，主要的淡水经济养殖品种有 50 余种，包括草鱼、鲢鱼、鳙鱼、鲤鱼、鲫鱼等大宗淡水品种以及鳜鱼、罗非鱼、加州鲈、泥鳅、黄颡鱼、中华绒螯蟹、中华鳖等名优品种。海水养殖面积为 2 305.5 千公顷，占水产养殖总面积的 27.49%，主要经济养殖

品种包括贝类、藻类、鱼类、虾类等 40 余种，在养殖方式上，除了池塘、浅海滩涂、港湾、网箱外，工厂化养殖大菱鲆、牙鲆、河豚、大黄鱼、石斑鱼等集约化养殖方式也在逐渐兴起。

在水产养殖产量方面，2014 年，我国水产养殖年总产量达到 4 748 万吨，其中淡水养殖产量为 2 936 万吨/年，海水养殖产量为 1 813 万吨/年。在淡水养殖产量中，鱼类产量为 2 603 万吨/年，甲壳类产量 256 万吨/年，贝类产量 25.12 万吨/年。从品种产量来看，草鱼产量最高，达到 538 万吨/年，鲢鱼位居第二，产量 423 万吨/年，鳙第三，产量为 320 万吨/年；甲壳类中，虾类的养殖产量最高，达到 176 万吨/年。在海水养殖产量中，鱼类产量为 119 万吨/年，甲壳类为 143 万吨/年，贝类产量最高，为 1 317 万吨/年，藻类产量为 200 万吨/年。在海水养殖鱼类中大黄鱼产量最高，为 12.79 万吨/年，鲆鱼产量第二，为 12.64 万吨/年，鲈鱼产量第三，为 11.38 万吨/年。

2. 渔业经济持续较快增长，渔业二、三产业发展势头良好

截至 2014 年，我国渔业经济总产值已达到 20 859 亿元，其中渔业直接产值（一产）10 816 亿元（淡水养殖产值 5 073 亿元，海水养殖产值 2 815 亿元）；渔业工业和建筑业产值（二产）4 875 亿元，同比增长 7.8%；渔业流通和服务业产值（三产）5 122 亿元，同比增长 8.4%，渔业一、二、三产业的快速发展为现代渔业建设提供了强大动力。值得一提的是，近年来我国的水产加工业和休闲渔业发展势头迅猛。2014 年水产品加工业产值达到 3 713 亿元，同比增长 8.1%；休闲渔业产值达到 432 亿元，同比增长 18.4%，成为带动渔民增收的新亮点。

3. 水产品出口保持稳定

2014 年，我国水产品出口量 416.33 万吨，同比增长 5.16%；出口额

216.98 亿美元，同比增长 7.08%。水产品出口额占我国农产品出口总额比重达到 30%，与上一年持平，连续 14 年位居国内大宗农产品出口首位。水产品对外贸易顺差 125.13 亿美元，继 2013 年后再次突破百亿美元大关。但与此同时，随着近年来社会经济增速放缓，我国渔业发展方式调整及渔业结构的转型升级，国内主要省份水产品出口增速均有所放缓。

4. 养殖方式与养殖品种多样化

我国的水产养殖业经过 30 余年的发展，在养殖方式上已经形成了适合养殖的湖泊、水库、坑塘、浅海滩涂、低洼荒地等多种资源综合开发利用，池塘养殖、网箱养殖、稻田养殖、工厂化养殖、流水养殖及大水面养殖等合理开发利用相结合的多样化发展格局。水产养殖业的功能也在传统的商品食用鱼供给的基础上，增加了兼具观赏、休闲、医药等新的产业功能，极大地拓宽了水产养殖业的发展广度。在淡水养殖业中，池塘养殖是最主要的生产方式，养殖规模与产量近几年得到持续增长，其次水库、湖泊、稻田养殖也是淡水养殖的主要方式。在海水养殖业中，浅海养殖是主要的生产方式，主要包括浅海筏式养殖、浅海网箱养殖及渔业资源增殖放流等。近几年，浅海养殖生产规模逐步扩大，养殖产量与面积逐年递增。此外，滩涂养殖也是海水养殖的主要方式之一。

在养殖品种方面，近年来已经发展到 200 余种，其中主要的经济养殖种类近百种，主要包括鱼类、贝类、甲壳类、藻类及棘皮动物（海参等）、两栖动物等。淡水养殖品种中，以鱼类养殖为主，虾蟹、贝类、龟鳖等品种为辅，其中养殖鱼类年产量超过 100 万吨的品种有 5 种，分别为：草鱼、鲢鱼、鲤鱼、鳙鱼、罗非鱼。海水养殖品种中，近年来由以养殖贝类、藻类为主逐步转向虾蟹类、鱼类及海珍品养殖全面发展。此外，观赏鱼养殖近年来蓬勃兴起，养殖品种包括海水的观赏鱼类，淡水的锦鲤、金鱼等名优品种，已经成为渔业增长的新亮点。

5. 我国的水产养殖产业布局

由于渔业资源自然禀赋、产业基础及地区经济发展状况的不同，我国的水产养殖产业布局差异明显。目前我国水产养殖的生产主导区主要有黄渤海、东南沿海和长江流域"两带一区"出口水产品优势区；长江中下游、华南、西南、"三北"大宗淡水鱼类和名优水产品优势区。以上区域在养殖面积和水产品产量方面在国内均占绝对主导地位。

我国淡水养殖区域主要分布在长江中下游、华南、西南等省份，淡水养殖地域分布相对均匀。2014 年，淡水养殖产量由高到低分别为：湖北、广东、江苏、湖南、江西等，其中湖北、广东、江苏的淡水养殖产量占全国水产养殖产量均超过 10%。

我国海水养殖区域分布较为集中，主要分布在黄渤海、东南沿海一带的省份。2014 年，海水养殖产量居前四位的省份分别为山东、福建、广东和辽宁，这 4 个省份海水养殖的合计产量达到了 1 442 万余吨，占全国海水养殖产量的 79%。其中山东省和福建省是海水养殖大省，海水养殖量分别为 479 万余吨和 379 万余吨，占全国海水养殖量的比例均在 20% 以上。

6. 渔业基础设施建设显著加强，科技与推广事业长足发展

随着中央加大对渔业基础设施的建设投资力度，全国渔业基础设施与装备水平得到明显提升。截至 2013 年年底，全国共建有国家级水产原、良种场 71 个；沿海一级以上渔港和内陆重点渔港 113 个；创建国家级水产种质资源保护区 428 个。

与此同时，现代渔业产业技术体系不断完善，渔业科技不断进步，水产技术推广工作稳步推进，有效地促进了水产健康养殖技术的推广和普及。截

至 2014 年，全国渔业科研机构共计 112 个，水产技术推广机构 14 755 个；渔业科技与推广人员素质不断提高，从事一线渔业研究的人员中研究生学位有 1 709 人，同比增长 23.13%；全年发明专利 256 项，同比增长 39.13%；进入"十二五"以来共审定新品种 44 个，完成 230 项渔业国家和行业标准审定，渔业技术示范广泛开展，综合种养技术、节能减排技术、设施装备等方面均取得了长足的发展。

二、现阶段我国水产养殖业发展面临的主要问题

进入 21 世纪以来，随着社会经济的快速发展，我国的水产养殖业在取得巨大进步的同时，在新形势下也出现了新的问题，主要表现在水产资源日益紧缺、环境污染压力加大、食品安全问题突出等方面，使水产养殖业的可持续发展面临诸多挑战。

1. 养殖资源日趋紧张

随着我国社会经济的快速发展，各地城镇化加速，旅游业兴起，对耕地及水源保护日趋重视，导致我国水产养殖区域空间受到挤压，许多沿海省市的近海水域和内陆地区的水库、湖泊等水域已经开始限制水产养殖的发展，不少地方政府开始对养殖池塘和自然水域的养殖网箱等养殖模式采取消减措施，使水产养殖主要依赖的陆基资源得不到保障。此外，水利工程、围海造地等项目不断增多，减少了养殖水域面积，并且一些拦河筑坝工程还会切断水产动物的洄游通道，破坏水域生态环境。另外，由于我国水资源分布极为不均，一些缺水地区特别是大型城市的水产养殖用水与城市生活用水及工业用水矛盾突出，这种情况下，水产养殖用水不仅得不到保障，水产养殖产业还有被边缘化的风险。

2. 水环境污染压力不断增大

当前，我国养殖水环境所面临的形式十分严峻，工业废水、城市生活污水及含有氮、磷等有机污染物的农业废水的大量无处理排放，是造成我国养殖水资源污染严重的外源性因素。据统计，我国的 1 200 条河流中，超过 70% 的河流受到不同程度的污染，一些大型湖泊水体富营养化非常严重，我国四大海区近岸水域有机物和无机磷浓度明显上升，无机氮全部超标，且近岸海域及内陆主要河流养殖水域的总体环境有污染加重的趋势，鱼类自然产卵场、索饵场及洄游通道等污染也较为严重。此外，为了追求更高的经济效益，养殖密度过大，养殖过程中残饵、肥料和养殖生物排泄物的过度累积，致使养殖水体自净能力下降，是导致养殖水体污染日益加重的内源性因素。养殖水环境的污染不仅需要消耗大量水资源用以平衡养殖水域的生态环境，并且极易导致养殖动物的病害发生，据统计，我国每年约有 30% 以上的养殖面积受到病害侵扰，每年因病害导致的养殖损失达到 100 亿～150 亿元，并且养殖病害呈现出逐年增多、危害品种广、死亡率高、覆盖面积大等特点，病害发生后，不规范的用药进一步导致养殖生物的药物残留，影响水产品质量安全与水产品出口贸易，进而制约着我国水产养殖业的可持续发展。

3. 养殖设施、设备现代化水平有待进一步提高

我国的水产养殖业经过多年的发展，虽已形成了工厂化、池塘、网箱、筏式、围网等适应我国不同养殖水域环境的多种养殖方式，但在产业设施与设备的现代化程度上，仍远远落后于发达国家。目前国内工厂化养殖方式的应用相对较少，且多数采用半封闭方式，节水型的全封闭式工厂化循环水养殖方式受养殖成本与关键技术的制约还没有得到广泛应用，据 2013 年统计全国的工厂化养殖产量仅为 38.55 万吨，占总产量比仅为 0.85%；在设施化的

网箱养殖方式中，淡水网箱养殖与大部分的海水网箱养殖的工程技术化水平普遍较低，2013 年全国的网箱养殖产量仅为 186.22 万吨（其中淡水网箱养殖产量占 74.55%，海水网箱养殖产量占 25.45%），占总产量比仅为 4.10%；在池塘养殖方面，我国大部分室外土池养殖设施的建造时间在 20 年以上，池塘老化严重，池埂塌陷、淤泥堆积等现象较为普遍，对正常的养殖生产造成较大影响，养殖场的标准化、规模化及规范化程度亟待提高。

此外，受工业发展起步较晚的影响，我国的水产养殖设备研究相对滞后，养殖设备的应用还是以投饵机、增氧机等传统渔业机械装备为主，渔业机械化装备水平落后，在自动监测设备、水质净化设备及其相关的基础理论研究方面还很薄弱，这些均制约着我国水产养殖综合水平的提高。但值得一提的是，近几年来，我国的部分科研院所开始逐步涉足水产养殖设备研究的领域，在新型的养殖系统、水环境的自动检测及设备的远程调控等方面，开展了大量的研究与实践工作，积累了一定的经验，部分关键的核心设备已经实现国产化，为提升我国水产养殖设备水平奠定了基础。

4. 生产经营分散，组织化程度和产业化水平较低

目前，国内具有较大规模与影响力的渔业龙头企业数量相对较少，水产养殖生产的主体仍是个体渔民和集体企业，其生产规模化、组织化程度相对较低，但养殖的产量却占到水产品总产量的 95% 以上。大多数养殖户仍处于家庭式的分散经营状态，市场竞争力弱，渔业增效和渔民增收难度大，高新、高优品种应用较少，影响水产品在品牌创立、质量安全控制、产品深加工、外贸出口等方面的发展，致使我国水产品在国际市场上缺乏足够的竞争力。

5. 传统的养殖模式面临挑战

从我国水产养殖业的发展历史来看，传统的养殖模式在水产品产量的稳

步增长与水产品的稳定供应中功不可没，时至今日，传统的养殖模式仍是养殖水产品的主要生产方式。

与此同时，利用传统养殖模式获取经济效益的方式，仍是以扩大生产规模和消耗大量资源为前提，生产方式粗放，科技含量不高。特别是近年来，由于缺乏有效的发展规划，水产养殖与市场不能有效对接，单位水产品的经济效益逐年下滑，处于弱势地位的养殖生产者在市场上没有话语权，只能通过提高养殖产量获取经济效益，为此，养殖户往往通过加大养殖密度与投饵量来实现增产。而残饵、粪便的增加使养殖环境负荷加重，进而增加了大量的额外换水，造成了养殖水资源的不合理利用，同时导致病害频发，影响水产品质量安全。在渔业资源日益紧张、养殖污染压力日趋增大的大环境下，面对日趋严峻的生态安全、食品安全以及生产安全，传统养殖生产模式正面临重大挑战。

三、对策

1. 合理规划养殖生产，提高资源利用率

各地应开展养殖水域资源调查，对本地的水资源、生产方式、养殖品种等基本状况进行摸底，掌握基础数据，制定以容纳量为基础的水产养殖发展规划，根据规划进行养殖资源的合理开发与利用，确定养殖布局，指导养殖生产。

在养殖空间的合理拓展方面，以规划为指导，合理控制、科学规划近海、江河、湖泊、水库等大中型水域养殖容量；稳定池塘养殖面积，进一步挖掘池塘养殖潜力；积极拓展深水大网箱等海洋离岸养殖；支持工厂化循环水养殖；加大低洼盐碱地、稻田等宜渔资源开发力度。在水资源的有效利用方面，根据水资源的分布特点与水质特点，确定合理的养殖生产方式与养殖品种，

同时加大对养殖废水原位、异位净化处理技术的研究力度，开展节水型养殖设施、设备及技术的推广应用，降低对环境的污染压力，提高水资源的利用率。

2. 加大对养殖水环境的治理与保护力度，推广生态、健康的养殖模式

对养殖水环境的外源性污染，应结合当地环保等部门，加大对工业废水、城市生活污水等排放的监管力度，保障养殖水源安全。对内源性污染，首先，在养殖模式方面，应逐步升级粗放型的养殖方式，探索生态系统水平的养殖生产新模式，在保证养殖产量与效益的同时，降低对养殖水域环境所产生的负面影响；其次，在养殖废水治理技术的研究方面，应着重研究生态、高效的治水技术，如生物浮床治水技术、微生态制剂调水技术、工厂化循环水处理技术等，降低养殖水体富营养化程度；再次，积极推广标准化健康的水产养殖技术，逐步优化养殖品种结构，推广安全高效的人工配合饲料，降低养殖用水污染压力。

3. 加强养殖设施与装备建设

加强养殖设施与设备的投入与建设是提高我国水产养殖现代化水平的重要途径。在养殖设施建设方面，通过政策支持与财政补贴的方式，加快推进养殖池塘标准化改造，改变目前传统养殖池塘老化的现状，支持建设一批规模化、标准化的养殖园区，同时加强循环水工厂化、网箱养殖等设施渔业建设；在养殖设备方面，推广各类高效增氧设备、水质净化设备、水质监测与精准调控设备、自动化捕鱼设备及投喂设备等，推进水产养殖机械化、自动化，加快提高水产养殖业装备水平。

通过加强养殖设施与装备的建设，提高我国水产养殖业机械化、自动化及信息化的水平，进而提高水资源、土地资源的利用效率，降低与控制养殖

污染物的排放。

4. 提高水产养殖业的组织化程度，形成规模化养殖

首先，鼓励和支持有条件的水产养殖户牵头发展合作经营，加快培养水产养殖业所需要的经营管理人员、组织带头人及渔业经纪人；其次，培植龙头企业，以"公司+渔户""公司+基地+渔户"等模式带动渔民发展；再次，切实发挥渔业协会、渔民专业合作社等组织的功能，并加强规范化管理。通过上述形式，把分散的小规模养殖纳入产业化的链条之中。与此同时，推广各类行之有效的水产养殖经营组织模式，着力提高水产养殖组织化程度，加快渔业经营方式由分散经营为主向专业化、集约化、产业化转变，加快构建新型经营体系，促进水产养殖业的产业化发展。

5. 发展生态、高效的养殖模式

随着人们对养殖水域开发利用步伐的加快，养殖水域资源养护与生态环境保护的问题越来越受到重视，而目前我国以传统池塘养殖模式为主导地位的养殖格局，在资源衰退与环境污染等方面的压力下，很难再有进一步的提升，因此，急需建立新的、科学的养殖模式使水产养殖业有一个跨越式发展。鉴于此，转变渔业增长方式，由单纯数量增长型向质量效益生态型转变，建立生态、节能、高效的水产养殖生产新模式，全面提升产业发展水平，是今后渔业发展的重要任务。新型的养殖生产模式应将生态、节水作为切入点，融合现代化的养殖设施与设备、先进的节水技术及生态的养殖技术，同时根据养殖水域的容纳量进行科学规划，结合养殖水域生态条件、养殖种类的生物学特性等构建生态的养殖模式。

总的来说，进入 21 世纪以来，我国的水产养殖业在政策的扶持与科技力量的保障下继续保持着稳定、快速的增长态势，但在新形势下所面临的水资

源、土地资源日益紧缺、环境污染压力日趋增大、养殖成本不断提高等问题，已经成为制约我国水产养殖业可持续发展的主要瓶颈。这就要求我们在养殖结构的调整、养殖方式的转变等方面加大力度，同时开展新型养殖模式与生态、节水、高效养殖技术的大规模应用推广，促进现代化养殖水平的提升，实现我国水产养殖业健康、稳定、可持续的发展。

第二章
现代节水渔业概述

第一节　节水渔业概念与产生背景

一、节水渔业概念

节水渔业概念的提出大约是在本世纪初，是在我国经济社会发展进入新的历史阶段，党和国家提出科学发展观，建设资源节约型、环境友好型社会的大背景下提出并逐步发展的。

节水渔业的提出，正是我国渔业发展面临进一步转型的关键时机，当前我国的渔业生产方式已经从粗放型向集约型转变，渔业产量已经近乎饱和，渔业急需从产量型向质量型转变，以及从资源浪费型向资源节约型转变。所以一经提出，广大渔业从业人员即开始从各方面开展相关技术研究，逐步拓展相关内涵。

发展到今天，节水渔业的概念初步形成，简单地说，是指节省用水的渔业生产方式。具体内涵主要是指在传统渔业基础之上，通过发展节水型品种、优化生产模式、采用先进的养殖技术、设备及生物技术、科学的管理等手段，达到减少水资源消耗量，提升水资源利用率，同时保证水产品产量和质量以及水域生态健康的渔业。因此，在渔业生产中能够减少水资源消耗、对水环境不造成污染的养殖模式都可以列入节水渔业范畴，与传统渔业相比设施渔业和生态渔业的一些养殖方式可以达到节水渔业要求。

因为还处于发展初期阶段，当前节水渔业技术还限制在水产养殖业范畴，不涉及自然水域的捕捞业，水产加工业等领域还没有相应技术。随着科技进步和发展，将来节水渔业技术应该会逐步延伸，涉及渔业的方方面面。

二、节水渔业产生背景

1. 水资源短缺且分布不均衡

我国是一个干旱缺水严重的国家，淡水资源总量为2.8万亿立方米，占全球水资源的6%，仅次于巴西、俄罗斯和加拿大，名列世界第四位。我国的人均水资源量只有2 100立方米，仅为世界平均水平的28%，是全球人均水资源最贫乏的国家之一。目前全国城市中有约2/3缺水，约1/4严重缺水，而我国又是世界上用水量最多的国家。据统计，2013年我国的全年总用水量为6 183.4亿立方米，其中生活用水占12.1%、工业用水占22.8%、农业用水占63.4%，年缺水量达到400亿立方米。与此同时，我国的水资源分布又存在地域分布不均、降水年际变化大的状况。在时间分布上，国内降雨主要集中在每年的6—9月，占全年降雨量的60%~80%；在水资源空间分布上总体上呈"南多北少"，长江以北水系流域面积占全国国土面积的64%，而水资源量仅占19%，水资源空间分布不平衡。由于水资源与土地等资源的分布不匹配，经济社会发展布局与水资源分布不相适应，导致水资源供需矛盾十分突出，水资源配置难度大。

近年来，随着社会经济的快速发展，社会各领域的用水量逐年增加，导致社会发展与水资源供应的矛盾日趋尖锐。特别是占用水总量主导地位的农业用水，还存在着用水效率低、使用不合理等现象，严重阻碍了我国农业发展。同样，作为离不开水的渔业，水资源的紧缺已经成为我国水产养殖业遇到的主要瓶颈之一，严重制约了我国水产养殖业的可持续发展。因此，节水渔业已经成为水产养殖业发展的必然选择。

2. 水资源污染严重

随着我国工农业和水产养殖业的高速发展，水域污染问题日益突出。来自工厂排污、生活污水排放、农业用药以及船舶排污等造成的污染，已导致河道、河口、沿海、地表水等不同程度受到侵害。水体环境质量呈逐年恶化趋势，赤潮发生频率和规模不断扩大，传统的渔业产卵场、索饵场、育肥场生态环境不断遭到严重破坏，生物资源数量与种类骤减。据不完全统计，我国因渔业污染给水产品产量所带来的直接损失高达数十亿元人民币。近年来，一些海湾相继发生赤潮，且每年呈递增趋势，赤潮现象给水产养殖业直接带来了重大损失。在全国有监测资料的 1 200 条河流中，已有 850 多条受到不同程度的污染，7 大水系中，有一半河段受有机物污染，86% 的城市河段水质污染超标，大型湖泊和城市湖泊富营养化程度也不容乐观。以上外源性因素造成的水资源污染，严重影响了我国水产养殖的水源安全，给养殖生产带来了极大的风险。

此外，在传统的池塘养殖模式中，由于片面追求经济效益，养殖者往往提高养殖密度，投入更多的饲料、渔药等投入品，来保障超高的养殖产量，有些地区养殖单产甚至达到 5 000 千克/亩①以上，池底堆积大量的残饵、粪便等养殖污染物，远远超过了池塘水体本身的自净能力，养殖期间只能采取

① 亩为非法定计量单位，1 亩≈666.67 千米。

高浓度污水无处理排放与更换大量新水等方法，来保障池塘水体的生态平衡，这样不仅给养殖生产本身带来了较大的风险，而且进一步加大了对周边环境的污染压力。

总的来说，我国的水污染问题处于一个相当严重的局面，已经给我国的水产养殖业的可持续发展造成了极大的困扰。

第二节　发展节水渔业的必要性

一、节水型渔业是渔业经济发展的需要

水是人类生存和发展不可替代的资源，是经济社会发展的基础。水资源的可持续利用亦是我国渔业经济可持续发展极为重要的支撑。我国是一个水资源缺乏的国家，全年正常缺水量约 400 亿立方米，水资源供给不足已成为制约我国经济和社会发展的主要瓶颈。渔业生产更离不开水，开展节水型渔业，减少用水过程中的损失、消耗和污染，提高水资源利用率和效益是我国渔业经济可持续发展的需要。

二、节水型渔业是基于资源和环境的必然选择

我国水产养殖业在科学技术与市场经济的推动下不断发展，养殖产量已跃居世界第一，也是世界上唯一的水产养殖产量超过捕捞产量的国家，且养殖产量仍在继续快速增长中。但随着我国水产养殖业的快速发展，渔业资源的短缺与水域生态环境污染正严重影响着水产养殖业的可持续发展进程。鉴于我国水产养殖的重要地位和水产养殖与水环境的特殊关系，水产养殖资源与环境污染的控制及管理正越来越引起重视。开展节水渔业，能有效地解决水资源日趋匮乏以及水环境资源污染严重的问题，是我国水产养殖业可持续

发展的基础，是资源和环境可持续发展的必然选择。

三、节水型渔业的开展，是渔业生产方式的进步

传统渔业生产方式是在生产力水平较低、渔业技术、设施相对落后、人口稀疏、人均渔业资源和水资源相当丰富的条件下产生的。随着人口的增长，工业化程度的提高以及水产养殖业的发展，水资源匮乏问题日趋严重，渔业增长方式逐步由粗放型向集约型转变，随之而来的是高投入、高密度、高产量所带来的水资源的大量消耗和养殖水域状况的日趋恶化。节水型渔业，是建立在传统渔业的基础上，在不影响产量、效益和环境的前提下，最大程度地使养殖水体的生态系统保持动态平衡状态，使养殖水产品有机生存，安全可靠；使渔业生产达到节约用水、减少污染、降低养殖成本的目的，进而实现综合效益。渔业实施节水措施，是渔业生产方式的又一次进步。

第三节 节水渔业的技术方式

一、发展节水型养殖品种

发展节水型养殖品种并不是近几年才提出的。近 10 余年来，随着国家经济实力的不断提升，渔业研究领域的资金投入也在不断加大，许多渔业科研院所依托承担的科技项目，在我国渔业发展的要求下，推广了一大批品质优良的水产品种，其中不乏节水型养殖品种。如龟鳖类的养殖耗水仅为常规鱼类养殖耗水的 1/10 左右，且龟鳖的养殖适合采取设施化的养殖模式，具有节水、节地、养殖效益高等特点；观赏鱼类：如金鱼等，其养殖本身用水量少，经济价值高；适合集约化养殖的名优品种，如罗非鱼、鲟鱼等，是适合工厂化高密度养殖的优良品种，此外，一些低耗氧类的常规品种，如鲶鱼等，也

是非常不错的节水型养殖品种。在实际生产应用中，节水型养殖品种的选择，还要根据市场情况、养殖品种的生物学特性及养殖条件等因素综合考虑。

二、推广节水型养殖技术

节水养殖品种只是一种被动的节水养殖办法，受外部环境束缚依然较大，因此，探索和发展主动的、可控的节水技术才是节水渔业的核心和关键。节水型养殖技术不仅包括直接节约养殖用水的技术，还包括水质生态净化技术、污水处理技术、养殖增效技术等。目前国内的节水技术应用于淡水养殖业较多，主要包括：利用生物浮床治理养殖水体富营养化技术、养殖水体高效增氧技术（微孔增氧技术）、水产养殖环境改良剂的应用技术、池塘底排污技术、人工湿地技术、水质在线监控技术等。

三、应用节水型养殖模式

无论是节水品种，还是节水技术，都是从单方面采取的一项节水措施，但由于实际养殖环境的变化多样，往往单项节水措施难以见效。因此，需要对各项渔业节水措施进行系统的整合，形成新型的渔业节水模式。目前，主要包括了池塘标准化养殖模式、循环温室养殖模式、全封闭工厂化循环水养殖模式、新型池塘循环水养殖模式、湿地综合渔业模式等。其中，部分养殖模式具有极强的节水功效。

第四节　目前我国现代节水渔业技术
及其应用情况

节水渔业技术是指养殖过程中尽量减少水资源消耗，同时使养殖水体中的生态系统处于一种动态的平衡状态，以达到节约养殖用水，水质不易恶化，养殖产品质量安全可靠，降低生产成本，提高经济效益的一种技术。目前，我国主要的节水渔业技术主要包括以下几个方面：

一、工厂化循环水养殖技术

工厂化循环水养殖技术是集成现代生物学、建筑学、化学、电子学、流体力学和工程学等领域的综合性养殖技术，利用机械过滤、生物过滤去除养殖水体中的残饵、粪便以及氨氮、亚硝酸盐等有害物质，再经消毒增氧、去除 CO_2、调温后输回养殖池实现养殖用水的循环利用。国内的工厂化养殖是指水产养殖的生产过程具有连续性和流水作业特性，以进行高密度、高效率、高产量的养殖生产，通过科学调控养殖水质环境和营养供给，并通过机械化、自动化、信息化等手段控制养殖过程，从而达到高产高效的目的。工厂化循环水养殖的技术关键点在于水处理系统和养殖品种的选择。

工厂化循环水养殖模式具有节水节地、环境友好的特点。与传统养殖方式相比，生产每单位水产品可以节约 50~100 倍的空间以及 160~2 600 倍的水。比传统养殖节约 90%~99% 的水和 99% 的土地。我国工厂化循环水养殖技术应用，目前还处在工厂化养殖的初级阶段。受水处理成本的压力，仍主要以流水养殖、半封闭循环水养殖为主，真正意义上的全工厂化循环水养殖工厂比例极少。流水养殖和半封闭养殖方式产量低、耗能大、效率低，与先进国家技术密集型的循环水养殖系统相比，无论在设备、工艺、产量（先进技术的年产量达 100 千克/米³ 以上）和效益等方面都存在着相当大的差距，养殖水体的利用总体上仍以流水养殖、半封闭循环水养殖为主。

近年来，我国在工厂化循环水养殖应用方面有了比较大的进展。在技术研究方面，水处理技术、零污染技术等重点技术日趋完善，成套技术也日趋成熟，为工厂化养殖的产业化发展提供了重要的技术支撑，对生产效益的提升作用明显。目前每立方米水体的最高年产量可达到 58 千克，是传统养殖模式单产水平的30~50倍。近年来渔业科技工作者针对海水工厂化养殖废水处理，对常规的物理、化学和生物处理技术分别进行了应用研究，取得了许多实用性成果。国家倡导的健康养殖、无公害工厂化水产养殖还带动了发达国家先进技术和设备进入中国，如臭氧杀菌消毒设备、沙滤器、蛋白质分离器、活性炭吸附器、增氧锥、生物滤器等先进设备，对工厂化循环用水养殖生产设备（设施）的更新和改造、促进养殖用水循环使用率的提高和养殖经济效益的提升起了重要作用。

据统计2013年，我国工厂化养殖的规模达到4 974万立方米，产量38.5万吨，其中，淡水工厂化养殖规模为2 802万立方米，产量20.8万吨；海水养殖规模为2 172万立方米，产量17.7万吨。近年来，各地对工厂化养殖前景普遍看好，投入到工厂化养殖中的人力、物力、资金、技术呈增长趋势，发展力度总体趋强，国家对发展工厂化养殖给予相关支持和一定的政策保障。随着渔业科技的发展和对国外优良养殖品种引进力度的加大，用于工厂化养殖的各类品种也在不断增加。目前，我国工厂化繁育苗种的种类有鲈鱼、牙鲆、石斑鱼、真鲷、黑鲷、大菱鲆、河豚、鲟鱼、虹鳟、罗非等20余种鱼类；中国对虾、中华绒螯蟹、梭子蟹等10余种虾蟹类；栉孔扇贝、青蛤、象拔蚌、牡蛎等10余种贝类，以及鲍鱼、刺参、海胆等多种海珍品。工厂化养殖的水产品种类有牙鲆、鲈鱼、鲟鱼、罗非鱼、鲑鳟鱼等10余种鱼类以及中华鳖、海参等经济价值较高的名优种类。

二、池塘循环流水养殖技术

池塘循环流水养殖技术（IPA）又称池塘气推循环流水养殖技术，是近几年引入我国的一种新型池塘养殖技术。该技术是在池塘中的固定位置建设一套面积不超过养殖池塘总面积5%的养殖系统，主养鱼类全部圈养于系统当中，系统之外的超过95%的外塘面积用于净化水体，以供主养鱼类使用。养殖系统前端的推水装置通过动力可产生由前向后的水流，结合池塘中间建设的两端开放的隔水导流墙，使整个池塘的水体流动起来，达到流水养殖的效果。主养鱼类产生的粪便、残饵随着系统中水体的流动，逐渐沉积在系统的尾端，再通过尾端的吸尘式污物收集装置，将粪便与残饵从系统中移出，转移至池塘之外的污物沉淀池中，加以再利用。池塘中除系统之外的其他区域，用于套养滤食性鱼类，并辅助应用生物净水技术等，达到增产和进一步净化水质的目的。该技术以池塘循环流水养殖系统为核心，运用气带水原理，变传统的静水池塘养殖模式为循环流水养殖模式。

该技术具有较强的节水功效，产出相同数量的水产品可以间接节约 2~4 倍的养殖用水与用地，可完全实现养殖用水的零排放与废弃物循环利用；可以大幅度提高生产效率，采用循环流水养殖技术，平均亩产量可以达到 4 000 千克以上，完全突破了传统养殖模式的产量上限，具有传统养殖模式无法比拟的优势。此外，这项技术还具有较强的节能减排功效，在池塘循环流水养殖模式下，日常的饵料投喂、鱼病的防治、起捕等都将极为方便，大大节约了管理成本。同时，废弃物收集系统可以有效地收集并移出 70% 的鱼类代谢物和残剩的饵料，变废为宝，确保池塘本身的良性循环，实现节能减排，保护养殖水域环境，从而实现水产养殖业的可持续发展。

2013 年，该技术由美国大豆出口协会引入国内，并在江苏吴江建造了首套池塘气推循环流水养殖系统，开展试验研究。由于该技术符合我国渔业对节水、节能、生态、高效的发展要求，在资源节约、生态环境保护及渔业增效等方面具有明显优势，并且能够解决国内渔业养殖模式在转型方面遇到的诸多问题，因此国内多家科研院所与渔业机构积极投入资金与人力、物力开展研究。截至 2015 年，已在江苏、安徽、北京、上海、山西等地建成的池塘循环流水养殖系统近百套，养殖品种包括草鱼、罗非鱼、黄颡鱼、鲈鱼、斑点叉尾鲴等 10 余个，安徽铜陵等地利用该模式进行养殖生产，系统中加州鲈的单产水平达到了 150 千克/米³，斑点叉尾鮰单产 200 千克/米³，黄颡鱼单产超过 100 千克/米³；山西养殖草鱼单产水平达到了 125 千克/米³，江苏、上海等地养殖产量也有大幅度提升。

三、微孔增氧技术

微孔增氧技术又称纳米增氧技术，是利用罗茨鼓风机通过输气管道对放置于养殖水体底部的纳米增氧管道进行充气，直接把空气中的氧输送到水层底部的增氧方式。其原理是罗茨鼓风机将空气送入输气管道，输气管道将空气送入微孔管，微孔管将空气以微小气泡形式分散到水中，这些微小气泡使空气与水体的接触面积大大增加，便于空气中的氧气更好地溶解于水中。同时，气泡由池底向上浮起，还可造成水流的旋转和上下流动，水流的上下流动将上层富含氧气的水带入底层，正是通过水流的旋转流动将微孔管周围富含氧气的水向外扩散，实现池水的均匀增氧。此外，气泡的上浮带动底层水与表层水产生对流，将池塘底部的有害气体带出水面，加快池底氨氮、亚硝酸盐、硫化氢的氧化，改善了池塘底部生态环境，减少了病害的发生。

该技术具有高效节能、安装方便、使用寿命长等特点，其独特的微孔曝气技术，克服了传统增氧方式表面局部增氧、动态增氧效果差的缺陷，实现了全池静态深层增氧，使增氧效果明显提高，是一项为水产养殖业传统的增氧方式带来了革命性的创新的增氧技术。

微孔增氧技术最早于 2006 年在江苏宜兴等地等作为河蟹养殖产量突破性增长的关键技术被大家所认识，之后便开展了包括曝气装置、配套设施、实用性、经济性、应用技术等方面的系统性研究，相关技术逐渐成熟、完善。随后，被多个省市作为主推技术之一，进行试验示范和推广应用，取得了很好的效果，至今该技术已经被全国范围内的水产养殖业者所接受与应用。微孔增氧技术因其具有改善生态环境、提高产量、降低能耗、降低饲料成本、增加效益等优点，被列为农业部水产养殖节能减排主推技术之一，在全国范围内展开推广。据不完全统计，全国微孔增氧技术的应用面积已达数百万亩；主要应用省市有：江苏、浙江、福建、广东、上海、山东、山西、辽宁、北京等；主要应用品种有：河蟹、南美白对虾、梭子蟹、罗氏沼虾、青虾、小龙虾、锦鲤、金鱼、鲟鱼、刺参、鲍鱼等品种的养殖；其应用的养殖模式包括全封闭工厂化循环水养殖模式、温室大棚养殖模式以及室外池塘养殖模式、网箱养殖模式等。在室内的工厂化与温室大棚养殖模式中，微孔增氧是养殖的主要增氧方式，特别是在养殖经济价值较高的观赏鱼类、冷水性鱼类、甲壳类及贝类等应用较为广泛。在传统的室外池塘养殖模式当中，微孔增氧方式一般结合水车式或叶轮式增氧方式使用较为常见。

四、利用生物（浮床）治理池塘富营养化技术

利用生物（浮床）治理池塘富营养化技术是以生物浮床等浮岛设施为载体，将生长在陆地上的一些经济植物（如蔬菜、花卉等）生物浮床种植在养殖池塘中，通过植物的生长吸收养殖水体中的过多的氮、磷、亚硝酸盐、重金属等有害元素。

该技术的应用，不仅能改善养殖水质条件的生态效益，而且还能够增加额外可观的经济效益与景观效益。而养殖水体条件的有效改善，可以降低鱼病发生的几率，减少渔药、水质改良剂等生产投入品的使用，在保障养殖水产品的质量安全、增加单位效益、减少生产投入等方面具有重要意义。

我国在 1991 年开始推广生物浮床技术，经过多年的试验研究，目前生物浮床已广泛应用于水库、湖泊、河道等水域的生态修复，并且取得了较好的净化效果。随着生物浮床净水效果的显现，渔业工作者将其引入水产养殖行业，并针对养殖水体条件，在生物浮床的构建、水生植物品种的筛选、合理布设密度等方面开展了系统的研究。目前在重庆、北京、天津等多个省市均

有大规模的应用，主要种植品种有蕹菜、鸢尾、千屈菜等，部分地区还针对种植出的水生蔬菜建立了品牌，为该技术的普及应用打下了基础。但与此同时，利用生物（浮床）净水技术在水产养殖的应用中还存在一定的问题，如不同水质条件下水生植物的合理配置、水生植物的选择与生长控制、浮床载体的选择等方面，仍需要渔业工作者进一步的研究。

五、池塘底排污水质改良关键技术

池塘底排污是指根据池塘大小，在养殖池塘底部最低处，建造一个或多个漏斗形排污口，通过排污管道将养殖过程中沉积的水产动物代谢物、残饵、水生生物残体等废弃物在池塘水体静压力下，利用连通器原理无动力排出至池边地势相对较低的竖井中；再通过动力将竖井中收集的废弃物提出，经过固液分离、水生植物净化等处理措施后，达标水体流回原池，固体沉积物用于农作物有机肥料，实现水体与废弃物的循环利用。

池塘底排污系统由池底深挖、底部排污、固液分离、水生植物净化等环节组成，其核心是底部排污。系统通过对养殖水体采取物理与生物相结合的净化措施，可有效防止养殖水体内源性污染，促进养殖水体生态系统良性循环，有效改善养殖池塘水质条件，对提高养殖产量、保障水产品质量安全、实现节能减排与资源有效利用具有重要意义。

池塘底排污技术是近年来研发出的一种应用于精养池塘的处理效果好、成本低、易推广的生态治水技术。据了解，目前该系统已经在重庆、广东、湖北、湖南等9个省、直辖市建立了50余个示范点，示范规模超过1 600亩，推广面积逾8 600亩，辐射面积逾2.5万亩。该在成都市双流县的缺水丘陵区域得到了较好地应用，池塘亩产量达到了3 500千克/亩，在提高水资源与土地资源利用效率、增加农户收益的同时，降低了对周边环境的污染压力。

六、人工湿地技术

人工湿地是指用人工筑成水池或沟槽，底面铺设防渗漏隔水层，充填一定深度的基质层，种植水生植物，利用基质、植物、微生物的物理、化学、生物三重协同作用使污水得到净化的系统。当池塘养殖污水进入人工湿地时，其污染物被床体吸附、过滤、分解而达到水质净化作用。

按照水体流动方式，人工湿地分为表面流人工湿地、水平潜流人工湿地、垂直潜流人工湿地以及由前面几种湿地混合搭配的组合式人工湿地或复合（式）人工湿地。

复合式湿地池塘养殖系统较传统池塘养殖模式，可减少养殖用水 60% 以上，减少氮、磷和 COD 排放 80% 以上，具有良好的"节能、减排"效果，符合我国水产养殖可持续发展要求。

我国采用人工湿地技术处理污水的研究起步较晚，20 世纪 90 年代初，国家环保总局在深圳建设了国内首套真正意义的人工湿地污水处理工程，揭开了人们研究人工湿地相关技术的序幕。近年来，随着国内水产养殖水域环境污染的压力越来越大，人工湿地技术作为一种有效的生态净化养殖水体技术逐渐受到重视，相关研究也逐步深入，并取得了一定进展，但整体上技术仍不完善，在某些因子的处理机理与应用方面还需要进一步的研究。另外，人工湿地净化污水技术的研究目前主要集中在淡水养殖的水处理方面，海水养殖体系的人工湿地处理系统并不多见，处理对象主要以鱼、虾养殖外排水为主，湿地面积也较小，因此，建立海水或半咸水人工湿地生态系统进行养殖废水的处理也是一个值得深入研究的课题。

七、微生态制剂应用技术

应用微生态制剂改善水环境是实施水产健康养殖的重要举措之一。微生态制剂是从养殖动物肠道内或其生活环境中分离出来的有益微生物，采用发酵与贮藏等工艺技术制成的活菌制剂。与化学药品相比，具有无毒副作用、无污染、无残留和低成本等特点，可以有效提高养殖动物自身的免疫力，抑制病原微生物的生长，维持养殖生态平衡。按照用途，微生态制剂可分两大类：一类是水质微生态改良剂，将其投放到养殖水环境中，用以改良底质或水质，主要有光合细菌、芽孢杆菌、硝化细菌、反硝化细菌、乳酸菌等；另一类是内服微生态改良剂，将其添加到饲料中用以改良养殖动物肠道内微生物群落的组成，应用较多的有乳酸菌、酵母菌、EM 菌、芽孢杆菌等。目前，微生态制剂已经广泛应用于国内的海、淡水养殖中，在水质调控、病害防治及苗种培育等方面，应用效果明显。

八、水产物联网水质监控技术

物联网就是用传感器（水质传感器、RFID、摄像机等）探测、观察各种物体，通过有线或无线、长距或短距的通信手段，将这些物体网络联结，利用其本身具备的对物体实施智能控制的能力，实现网络监视、自动报警、远程控制、诊断维护的功能，智能化管理、控制、运营，达到提高自动化、减少人力、节能减排的目的。

1999 年，物联网的概念正式被提出，随着近年来的发展，物联网用途越来越广泛，遍及智能交通、环境保护、政府工作、公共安全、平安家居、智能消防、工业监测、环境监测、老人护理、个人健康、花卉栽培、水系监测、食品溯源、敌情侦查和情报搜集等多个领域。

国外某些发达国家和地区水产养殖借助物联网技术的帮助已经从机械化进入到信息化时代。近两年，我国高校、研究所开展了诸多物联网技术在水产养殖的应用研究，并形成一些成果，在广东、江苏一些发达地区，物联网水产养殖进步比较快，养殖企业、渔民养鱼用上传感器、电脑、手机等信息化科技设备，水产养殖也开始迈入信息化时代。物联网智能控制管理系统的投运，不仅能防止鱼病损失，有效提高渔民的经济效益，还可以完善水产养殖技术。实施标准化养殖，严格控制投入品的使用以及池塘水质的净化循环，从而保证养殖生态系统的良性循环，减少水产养殖污染，提高生态环境质量。

综上所述，发展节水渔业将成为保证我国水产养殖业的可持续发展重要途径。在现有条件下，应用既能提高水产品的产量和质量，又能最大限度地减少水资源消耗，同时保护和改善养殖水域环境的节水型养殖模式和技术，必将成为保证传统渔业向现代渔业和生态渔业转型的关键。

第三章
工厂化循环水养殖技术

工厂化循环水养殖技术是集成现代生物学、建筑学、化学、电子学、流体力学和工程学等领域的综合性养殖技术，主要技术内容包括利用机械过滤和生物过滤去除养殖水体中的残饵、粪便以及氨氮、亚硝酸盐等有害物质，消毒，增氧、控温，水体循环等，实现养殖水体的循环利用，这样可大大节约水资源，使养殖水体持续保持高溶氧状态和稳定的水质环境，达到较高的单位水体生产力。国内的工厂化养殖一般指水产养殖的生产过程具有连续性和流水作业特性，以进行高密度、高效率、高产量的养殖生产，通过科学调控养殖水质环境和营养供给，并通过机械化、自动化、信息化等手段控制养殖过程，从而达到高产高效的目的。

第一节　我国工厂化循环水养殖的优势与存在问题

一、优势

工厂化循环水养殖模式具有节水节地、环境友好的特点。与传统养殖方式相比，生产每单位水产品可以节约 50～100 倍的空间以及 160～2 600 倍的水。循环水养殖系统可以提供可控的环境，可以控制生长速度，甚至可以精确预算产量。循环水养殖系统通过使用生物过滤器循环利用，能够节约热量和水，并且其高效的运转模式使它在所有的养殖模式中，单位产量是最高的；此外，工厂化循环水养殖比传统养殖节约 90% 以上的水和土地。由于养殖废水经过处理后排放，其养殖系统的大小不受环境条件限制，且几乎不污染环境。因此，相比较而言，使用工厂化循环养殖系统的渔业生产更符合环境要求、更能够保证水产品的安全和品质、更具有大的发展空间、且更能实现渔业的可持续发展。

二、存在问题

1. 相关的养殖技术研究依然薄弱

工厂化循环水养殖模式的配套技术研究相对薄弱，养殖过程简单沿用传统养殖技术，没有形成独立、成熟、完整的配套养殖技术。

2. 基础性研究尚需加强

工厂化循环水养殖设施技术虽然在较短的时间内取得了一系列重要的科技成果，但对整个系统工程来说，仍有很多方面需要研究。目前针对水体净化处理的基础性研究不多，对应特定养殖品种的物质与能量基本模型的研究没有形成成果，致使系统的构建和优化水平难以有效提高；以设备为核心的养殖工艺没有形成，指导特定品种进行高效养殖生产的专家系统没有构建，致使设备系统没能发挥最大功效，造成系统运行成本过高。

3. 淡水鱼工厂化循环水养殖系统的运行成本依然过高

目前在我国没有严格的环保法规和养殖许可制度的状况下，淡水鱼工厂化循环水养殖的综合成本比其他养殖方式更高，整体上不具有经济优势。同时，受养殖品种价格的限制，淡水鱼工厂化循环水养殖系统的运行成本需要进一步降低。现有的节能降耗技术在基于生物膜硝化反应的循环系统中潜能有限，有必要结合生态工程技术，针对品种价值相对较高、节水节能需求迫切、规模较大的品种，利用气候环境的特点，构建人工湿地与工厂化设施复合的循环水养殖系统。并且在基本模型研究的基础上，建立优化的设备系统、控制病原体侵害的水源净化设施、与生态设施相结合的生物净化系统、必要的数字化监控系统、完善的养殖工艺和管理专家系统，使装备系统达到节能、节水、运行经济的状态。

三、发展现状

我国水产养殖的主要方式为池塘养殖、网箱养殖、大水面养殖、工厂化（设施化）养殖。现有的生产模式在水资源、土地（水域）资源、饲料资源的有效利用以及在抵御环境影响和影响环境方面还存在着不同程度的问题，粗放型的增长方式已面临较大的政策、环境、社会等多方的压力，迫切需要对生产力的发展水平实施必要的转变。养殖系统提高可控程度、摆脱环境条件制约的设施化过程在我国被称为工厂化。未来社会工业化的发展趋势以及世界先进养殖模式的发展水平预示工厂化循环水养殖设施系统将是未来水产养殖设施的重要模式。我国目前的养殖模式正在以养殖品种为主线，以技术提高为支撑，围绕"健康养殖，资源节约，环境友好，高效生产"的发展目标，积极的实施生产方式转变，对工厂化循环水养殖技术的要求愈加迫切。

此外，我国工厂化循环水养殖技术应用目前还处在工厂化养殖的初级阶段。受水处理成本的压力，仍主要以流水养殖、半封闭循环水养殖为主，真正意义上的全工厂化循环水养殖工厂比例极少。流水养殖和半封闭养殖方式产量低、耗能大、效率低，与先进国家技术密集型的循环水养殖系统相比，无论在设备、工艺、产量（先进技术的年产量达 100 千克/米³ 以上）和效益等方面都存在着相当大的差距，养殖水体的利用总体上仍以流水养殖、半封闭循环水养殖为主，从 2013 年渔业统计年鉴的统计数据来看，全国淡水工厂化的平均单产为 7.74 千克/米³，即可窥见一斑。

第二节　技术要点

一、工厂化养殖车间的建设

1. 养殖车间建设

养殖车间多采用的是跨度较大的单层车间（苗种繁育与成鱼养殖可在同一车间，分区操作），以多跨连体布局为主，跨度一般为 12~24 米，长度65~90 米，一般的单个工厂化养殖车间面积不小于 1 500 平方米，墙体以砖混结构为主或采用保温组合墙体（2 块钢板中间夹保温层）；根据需要屋面与屋顶可选用透光或不透光材料建造。

2. 养殖池建设

目前应用较多的为水泥池，也有用玻璃钢材质鱼槽或 PE 塑料材质鱼槽。养殖池的形状有圆形、正方圆角形和长方形，使用最多的为圆形。圆形池的室内平面利用率不及长方形池和正方圆角池，但具有结构合理、水流动态平衡好、易于集污、排污、管理方便等优点，普通养殖池直径一般为 5~7 米，根据养殖鱼类的规格大小可以适当加至 7~10 米，养殖池深度一般为 0.8~1.5 米。亲本池与成鱼池面积大于苗种池和产卵池，养鱼池大于、深于虾蟹池。

3. 车间保温

车间保温的目的是为了保持养殖水体水温稳定，以减少控温能耗。在北方地区，车间的基础墙体一般采用 37 墙或 24 墙（墙体厚度 37 厘米或 24 厘米），再用发泡聚氨酯等材料做保温处理。有些地区将养殖水泥池下挖，在稳定水温的同时还能够提高利用空间。车间的屋顶是保温的重点区域，一般采用双层塑料膜、加装保温棉、屋顶玻璃钢瓦+发泡聚氨酯、铺盖保温彩钢板等方法用于保温。

二、水体净化处理

工厂化循环水养殖水处理工艺一般包括：固体颗粒物去除、有机质消减、生物净化、脱气、杀菌消毒、富氧增氧、水温调控等。一些当前工艺介绍如下：

1. 沉淀

沉淀是养殖废水进入水处理系统的第一个环节。在沉淀池中，水体中密度较大的悬浮颗粒利用重力沉降的原理自然沉降在沉淀池底部，达到与水体分离的目的。从节约能源的角度考虑，修建沉淀池时，其高度一般要高于养殖池，并且沉淀池底部有 2%~3% 的坡度，以便实现处理之后的水体无动力进入养殖池。沉淀池的材质一般为砖混结构或钢混结构，大小根据养殖车间内的日均用水量而定，一般为养殖最大日用水量的 3 倍以上。

2. 机械过滤

机械过滤的目的是去除水体中的细小悬浮物，减轻整个水处理系统的压力，常用的方法有滚筒微滤机、砂滤罐、弧形筛等。其中应用最多的为滚筒式微滤机，它是一种转鼓式筛网过滤装置，被处理的废水沿轴向进入鼓内，以径向辐射状经筛网流出，水中杂质即被截留于鼓筒上滤网内面。当截留在滤网上的杂质被转鼓带到上部时，被压力冲洗水反冲到排渣槽内流出。微滤机具有操作简便、运行平稳、自动化程度高等特点，因此被广泛应用。

3. 气泡浮选处理

气泡浮选处理也是去除水中悬浮物的一项重要手段，其原理是持续不断地在水中释放微气泡，利用微气泡的表面张力吸附水体中的悬浮物与可溶性有机物，气泡越小，效率越高。常用设备有蛋分器与气浮泵，蛋分器除了能够去除水中悬浮物，还有增加水体溶氧、除脱水体中 CO_2 的作用，一般蛋分器与臭氧联合使用较为常见。气浮泵是污水处理中，常用的有机物分离设备，通过潜水泵叶轮的旋转产生负压，将空气吸入，再用叶轮将空气切割成微气泡后射出，气浮泵的优点是安装简单、出气量大且造价低廉。

4. 生物净化

生物净化是利用附着在载体当中的微生物，对水中的氨氮进行转化和去除，在生物净化过程中发挥作用的一般为硝化细菌、亚硝化细菌和反硝化细菌等。亚硝化细菌在有氧状态下把氨氮转化为亚硝酸盐，亚硝酸盐是有毒的氨氮向无毒的硝酸盐转化过程中的中间产物，毒性大且不稳定，在硝化细菌的作用下，进一步氧化为硝酸盐。如果要实现彻底脱氮，还需要进一步的反硝化处理过程。但反硝化过程需要厌氧条件，这与我们正常生产对养殖池塘高溶氧的要求相悖，因此在日常养殖中很难实现，在此不再赘述。此外，需要注意的是，硝化细菌的最佳生长温度在30℃以上，温度降低其活性降低，处理能力下降，低于15℃很难利用，因此水体温度是水处理环节中一个比较重要的因素。

5. 脱气处理

脱气的目的主要是去除养殖过程中鱼类代谢产生的以微气泡形式存在的 CO_2 气体，CO_2 会降低养殖水体的 pH 值，使水体呈酸性，不仅影响鱼类正常的摄食与生长，而且还会抑制生物膜的生物净化作用。据韩世成、曹广斌等在"工厂化水产养殖中的水处理技术"一文中介绍，常见的脱气方式有三种：一是机械设备去除，利用增氧机或曝气设备，在养殖水体中形成上下交换的水流，使水体充分与大气接触，达到分解碳酸，去除二氧化碳的目的。二是水力设计去除，在设计过程中，回水管和回水槽间留有一定高度的落差，使水流在回水过程中充分暴露在大气中，分解碳酸，去除二氧化碳。三是充气去除，在水流通过的水道上设置微气泡释放装置，利用气泡相互积累的特性，使散布于水中的二氧化碳与释放的气泡结合，由气泡把二氧化碳带上水面，达到去除的目的。

6. 杀菌消毒

杀菌消毒较常采用的是紫外线消毒与臭氧消毒两种方法，其中紫外线消毒是目前工厂化养殖模式中最常见的消毒方式，具有杀菌效率高、广谱、无残留、安装操作方便等特点，其通过发射波长为 260 微米左右的紫外线来杀灭水体中有害的病毒、细菌及原生动物等。通常将紫外线消毒器安装在封闭的管道内，需要消毒的水体控制在一定流速内缓缓流过管道，达到消毒的目的；此外，也有将紫外线灯管悬挂于需要处理的水体上方 15 厘米左右，通过照射来消毒。臭氧消毒也是目前较为常见的水体消毒措施，其利用强氧化性高效杀灭水中的细菌与病毒，同时氧化水中的重金属和微量有机物，去除水的异味，使水质清新。研究表明，臭氧几乎对所有细菌、病毒、真菌及原虫、卵囊都具有明显的灭活效果，且高效、清洁、方便、经济，但需要注意的是，臭氧本身对水产动物也有一定的毒性，因此由臭氧消毒过的水体最好经过处理或放置一段时间后再重新利用。

7. 增氧

工厂化循环水系统的溶解氧消耗主要来自养殖鱼类呼吸与代谢、代谢物的氧化分解、生物净化时细菌对氨氮的转化等，系统所需溶解氧根据所养鱼类的品种不同而有所变化，并与养殖密度和投饵情况密切相关。目前，工厂化循环水模式的增氧方式主要有微孔纳米增氧与加注纯氧两种方式。需要注意的是，在使用纯氧增氧时，需要在高压环境下将水气充分混合，在高压下使水体达到饱和浓度再释放进常压养殖水体，已达到增氧目的。如果将纯氧直接充入养殖水体，其最高的利用率仅有 40%，其余没有溶解的氧气逸出水面而浪费。

8. 水温调控

水温调控是水处理环节的最后一步，可根据养殖需要，提高水温或降低水温。但就目前采用的太阳能、锅炉、地热等加温措施与制冷等降温措施的实际效果来看，不论是升温或降温，特别是在北方地区除了养殖高价值的品种以外，其先期的投入成本与后期的能耗成本均是一笔不菲的开支，养殖者可根据自身的条件来选择水温调节的方式。在需要调温的养殖生产中，需要采取加温措施的占绝大多数，一般加温的措施有以下三种：第一，利用养殖设施周边的工厂余热或地热等优势资源进行加温；第二，利用太阳能、锅炉及大功率加热棒等对养殖水体直接加温，这种加温方式成本较高；第三，使用电热器、空调、锅炉等对养殖车间内的空气进行加温，有利于保持养殖水体水温的恒定，降低热能过快损耗。

第三节　应用情况

近年来，我国在工厂化循环水养殖应用方面有了比较大的进展。据统计，2013 年我国工厂化养殖的规模达到 4 974 万立方米，产量 38.5 万吨。其中，淡水工厂化养殖规模为 2 802 万立方米，产量 20.8 万吨；海水养殖规模为 2 172 万立方米，产量 17.7 万吨。近年来，随着国民经济的快速发展，投入到工厂化养殖中的人力、物力、资金、技术呈增长趋势，各地对工厂化养殖前景普遍看好，国家对发展工厂化养殖给予相关支持和一定的政策保障，发展力度总体趋强。随着渔业科技的发展和对国外优良养殖品种引进力度的加大，用于工厂化养殖的各类品种也在不断增加。目前，我国工厂化繁育苗种的种类有鲈鱼、牙鲆、石斑、真鲷、黑鲷、大菱鲆、河豚、鲟、虹鳟、罗非等 20 余种鱼类；中国对虾、中华绒螯蟹、梭子蟹等 10 余种虾蟹类；栉孔扇贝、青蛤、象拔蚌、牡蛎等 10 余种贝类，以及鲍鱼、刺参、海胆等多种海珍品。工厂化养殖的水产品种类有牙鲆、鲈鱼、鲟鱼、罗非鱼、鲑鳟鱼等 10 余种鱼类以及中华鳖、海参等经济价值较高的名优种类。

在技术研究方面，水处理技术、零污染技术等重点技术日趋完善，成套技术也日趋成熟，为工厂化养殖的产业化发展提供了重要的技术支撑，对生产效益的提升作用明显。目前每立方米水体的最高年产量可达到 58 千克，是传统养殖模式单产水平的 30~50 倍；为探索新的养殖模式以及水的重复利用和污染的零排放，国家通过不同的科技平台对工厂化养殖的关键技术进行科技攻关。近年来渔业科技工作者针对海水工厂化养殖废水处理，对常规的物理、化学和生物处理技术分别进行了应用研究，取得了许多实用性成果。国家倡导的健康养殖、无公害工厂化水产养殖还带动了发达国家先进技术和设备进入中国，如臭氧杀菌消毒设备、沙滤器、蛋白质分离器、活性炭吸附器、增氧锥、生物滤器等先进设备，对工厂化循环用水养殖生产设备（设施）的更新和改造和促进养殖用水循环使用率的提高和养殖经济效益的提升起了重要作用。

与国际先进水平相比，我国在淡水工厂化循环水养殖设施技术领域已具有一定的应用水平，在系统循环水率、系统辅助水体比率等关键性能方面基本接近国际水平，但在生物净化系统的构建、净化效率和稳定性、系统集成度、系统稳定性等方面还存在着的差距。总体上与先进国家技术密集型的循环水养殖系统相比，我国无论在设备、工艺、产量和效益等方面仍存在着相当大的差距。

第四章
池塘循环流水养殖技术

第一节 技术原理及系统组成

一、技术原理

池塘循环流水养殖技术（IPA）又称池塘气推循环流水养殖技术，是近几年引入我国的一种新型池塘养殖技术。该技术是在池塘中的固定位置建设一套面积不超过养殖池塘总面积5%的养殖系统，主养鱼类全部圈养于系统当中，系统之外的超过95%的外塘面积用于净化水体，以供主养鱼类使用。养殖系统前端的推水装置通过动力可产生由前向后的水流，结合池塘中间建设的两端开放的隔水导流墙，使整个池塘的水体流动起来，达到流水养殖的效果。主养鱼类产生的粪便、残饵随着系统中水体的流动，逐渐沉积在系统的尾端，再通过尾端的吸尘式污物收集装置，将粪便与残饵从系统中移出，转移至池塘之外的污物沉淀池中，加以再利用。这样便极大地减轻了池塘水体污染的负担，同时做到了废弃物的循环利用。此外，池塘中除系统之外的其他区域，将用于套养滤食性鱼类，并辅助应用生物净水技术等，达到增产和进一步净化水质的目的。

目前，IPA 系统在应用时有两种形式可选择，分别为固定式与浮式。固定式 IPA 是将系统修建在养殖水体底部，一般池塘养殖模式中应用较多，常见的固定式 IPA 为砖混结构、玻璃缸材质等；固定式 IPA 有利于系统配套电缆、设备等的布设、维修以及后期污物收集系统的稳定运行等。浮式 IPA 是指整个系统通过加装泡沫或 PVC 浮筒等浮性物体，漂浮于养殖水体中，这种模式适合应用于小型水库、湖泊、河道等水域，常用的有帆布、不锈钢材质等；浮式 IPA 可方便拆卸，有利于水体的转型利用等。

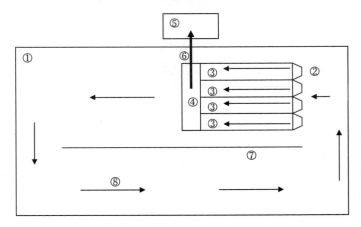

图 4.1　系统运行原理图

①池塘；②推水装置；③养殖单元；④养殖废弃物收集区；⑤沉淀池；
⑥废弃物流动方向；⑦隔水导流墙；⑧池塘中的水流方向

该技术以池塘循环流水养殖系统为核心，运用气带水原理，变传统的静水池塘养殖模式为循环流水养殖模式。系统前端为推水装置，采用的是漩涡鼓风机或罗茨鼓风机对底部纳米管进行充气，产生上浮气体，气体带动水流在弧形导流板的作用下从养殖箱体的前端进入，尾端流出，达到箱体中水体交换的目的；水的流动带动残饵和粪便沿着箱体逐渐到达系统后端的废弃物收集区，再由收集区的污物提取装置通过排污管道转移至池塘之外的沉淀池中进行沉淀与再利用。系统具体的运行原理，如图 4.1 所示。

二、系统的组成

系统主要组成包括三个部分，分别为推水装置、养殖单元、养殖废弃物收集系统。推水装置在系统的最前端，紧接着养殖单元的前端与其相连接，养殖废弃物收集区连接着养殖单元的尾端，如图 4.2 所示。

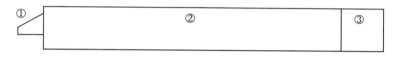

图 4.2　系统侧面图

①推水装置；②养殖单元；③养殖废弃物收集区

1. 推水装置

位于养殖单元的前端，设有气泡发生器（微孔纳米管）和弧形导流板，通过鼓风机对纳米管进行充气，产生上浮气体，带动水流在弧形导流板的作用下向养殖单元内流动。同时，通过调节鼓风机的功率与出气量来控制水体流速，进而调节箱体中水体的交换次数，一般 10 ~ 20 分钟完成一次养殖单元水体的整体交换较为适宜。推水装置的框架推荐使用不锈钢材质，其宽度与养殖单元宽度一致，一般为 5 米，其高度根据养殖单元的高度而定，一般养殖单元高 2 米，推水装置的高度为 0.9 米。推水装置布设时，其底部与养殖单元前挡板的网格部分底部相平行；其开口平面与养殖单元前网格距离保持20 厘米左右，且在弧形导流板的最上端向外延伸 15 厘米左右，用以压制水流向上涌出，避免水流能量浪费。

2. 养殖单元

养殖单元箱体呈长方形，两侧与底部完全封闭，上端敞开。箱体的前端用网格和不锈钢钢板按比例封闭（一般高度为 2 米的养殖单元，网格高度为 1.3 米，封闭的不锈钢板高度为 0.7 米），尾端用网格全封闭，防止鱼类逃出。一般养殖单元的构建材质为砖混、不锈钢、玻璃钢或帆布等材质。单个箱体的规格为：长度 22 米，宽 5 米，高 2 米，其有效水深 1.6 米，鱼载量根据不同的养殖品种有所不同，一般为 $50 \sim 200$ 千克/米^3。养殖箱体底部需要另加一套微孔增氧装置，以防阴雨天主养鱼类缺氧造成损失。

3. 养殖废弃物收集区

废弃物收集区是系统成功运行的关键。收集原理是用吸污泵连接吸污管道，管道与养殖单元顺向放置，养殖废弃物通过管道上的开槽或开孔由吸污泵提出至池塘旁边的沉淀池中。该区域规格一般为：长 3 米，宽 5 米，高 2 米。

三、技术优势

1. 具有较强的节水功效

首先，利用池塘循环流水养殖系统进行养殖生产，其单产水平较传统养殖模式可以提高 $2 \sim 4$ 倍，因此，产出相同数量的水产品可以间接节约 $2 \sim 4$ 倍的养殖用水与用地。其次，养殖之后的废水经过沉淀处理，重新进行养殖利用，收集的废弃物还将用于农业种植，完全实现养殖用水的零排放与废弃物循环利用，具有极强的节水功效。

2. 可以大幅度提高生产效率

相较于传统的池塘静水养殖，池塘循环流水养殖的效率大大提高。在传统的静水池塘养殖模式下，池塘的平均亩产量为 1 000~1 500 千克，而采用循环流水养殖技术，平均亩产量可以达到 4 000 千克以上，产量得到大幅度提升。对于一些低耗氧的养殖品种，其产量还可以更高，这完全突破了传统养殖模式的产量上限，具有传统养殖模式无法比拟的优势。

3. 具有较强的节能减排功效

在池塘循环流水养殖模式下，日常的饵料投喂、鱼病的防治、起捕等都将极为方便，大大节约了管理成本。集约化的养殖还有利于水体的封闭，减少病原的入侵与传播，进而减少药物的使用和滥用，保证水产品质量的安全。此外，废弃物收集系统可以有效的收集并移出 70% 的鱼类代谢物和残剩的饵料，化废为宝，确保池塘本身的良性循环，实现节能减排，保护养殖水域环境，从而实现水产养殖业的可持续发展。

4. 具有较强的示范功效

目前，我国绝大部分养殖池塘仍在进行传统模式的养殖，今后引导这些池塘从传统养殖模式逐步向节水、节能、生态、高效的循环流水养殖模式转变将是政府职能部门的重点工作，该项技术的应用与发展将为这种转变提供一个技术展示与示范的平台，具有较强的示范效应。

5. 可提高鱼类品质

鱼类在不间断流水中生长，其肌肉更加紧实，脂肪含量更低，且养殖废弃物收集系统可以保证池塘良好的水体环境，减少造成鱼类土腥味的藻类的产生几率。加之，养殖单元中的鱼类不会接触到外塘底泥，使养殖鱼类的口感更好、味道更为鲜美。此外，鱼类长期在流动水体中生长，具有更强的抗应激性，在鱼类后期进入运输、暂养、销售等环节时，成活率会更高，进而提高了养殖效益。

第二节　技术要点

一、系统的调试与运行

系统的稳定运行是养殖成功的基础。在放养鱼种前需要认真开展系统的运行调试工作，主要包括系统各部件的稳固度检查，鼓风机、废弃物收集系统、辅助增氧系统的调试等。在养殖期间应定期对系统的设施与设备开展全面、系统的检查，发现问题及时解决。

1. 系统各部件稳固度检查

在池塘加水之前与之后，对系统的整体稳固度进行认真、全面的检查，包括前中后拦鱼隔栅、养殖单元池壁等，保证养殖系统的各连接部件牢固可靠，且根据鱼类规格的大小选择合适网眼规格的隔栅，防治鱼类漏逃。鱼类不同于其他陆生动物，如在水下出现能够逃离的漏洞，一般情况下，大部分主养鱼类将会逃离出养殖单元至外塘，给生产造成不可估量的损失。

2. 鼓风机的调试

推水所用的鼓风机分为两种，分别为漩涡鼓风机和罗茨鼓风机。漩涡鼓风机的特点是出气量大、压力小，一般适用于推水水位小于 1 米的水体（用于推水的纳米管距水面的距离）；罗茨鼓风机的特点为出气量小、压力大，一般适用于推水水位大于1米的水体，可根据推水装置中纳米管距水面的距离选择不同的风机。此外，鼓风机的功率大小根据主养鱼类的生活习性决定，目前常用的是1.6千瓦、2.2千瓦、3.0千瓦三种功率。在风机的调试过程中，容易出现纳米管出气量不均的情况，需要调整风机与纳米管的连接方式，逐步调试至最佳出气状态。

3. 废弃物收集系统

废弃物的收集是整个养殖系统的核心，其集污的效果决定了养殖水体的质量，进而决定了整个养殖系统的产量。废弃物的收集系统位于系统最末端的废弃物收集区，一般采用底部吸尘式吸污，利用自吸泵或污水泵连接PVC或不锈钢材质的吸污管道，管道底部根据泵功率大小与出水量等凿开数量不等的水孔或水槽，自吸泵或污水泵运转时，废弃物通过吸污管道底部开孔被吸进排污管道至沉淀池。运行阶段需要注意的是吸污装置在集污区往返行走的时间需要严格把握，此外，在设计与安装吸污装置时应尽量使吸污管道在集污区无死角的吸污，防止粪便的沉积，导致水质恶化。

4. 辅助增氧系统

辅助增氧系统是为了应对在养殖后期鱼类个体增大导致耗氧量增加或阴雨天气池塘水体溶氧不够的情况下采用的辅助增氧措施。一般在5米宽的养殖单元中沿箱体方向在箱体底部布设2条纳米管道。辅助增氧纳米管的布设需要注意的是如何使纳米管出气均匀，一般的养殖单元长度在22米左右，如使用一根纳米管，从头至尾布设会导致箱体前部出气量大，而后部压力较小出气量不足甚至不出气。因此，在布设底部辅助增氧纳米管时需要分段布设，一般沿直线每4米或5米布设一根纳米管道，每根纳米管一头连接进气管道，一头用橡胶塞堵严，以保证增氧均匀。此外，需要注意的是，辅助增氧系统尽量布设为直线形，不宜采用盘式增氧，其原因是盘式纳米增氧管在曝气时对周边区域水流影响较大。系统中多个纳米增氧盘同时曝气时，大量微气泡带动的水量向纳米盘四周扩撒，阻碍了箱体内正常的由前至后的水流，会造成随正常水流推动的养殖废弃物在养殖单元中无方向运动，影响集污效果。直线形纳米增氧管曝气产生的水流，向纳米管的两侧流动，对正常的由前至后带有养殖废弃物的水流影响有限，并且直线形布设的方式出气量较小。不过，能够在两条增氧管之间为主养鱼类留出静水区，供鱼类休息，减少鱼类的活动量，进而降低饵料系数。

二、池塘要求

应用该系统对养殖池塘没有特别要求，一般的精养池塘均可，养殖面积以 20~50 亩为宜，池塘清洁、底部平整、水源充足、注排水方便、不渗漏即可。

三、鱼种放养

鱼种的放养是养殖成功与否的关键阶段。应用池塘循环流水养殖系统进行养殖时，一般放养的鱼种规格为 100~150 克/尾，根据一般鱼类的生长特性并结合养殖生产安排，鱼类达到放养规格一般为每年 4 月底至 5 月上旬。特别在北方地区，此时室外池塘水温一般不会超过 20℃，正是水霉病高发季节，加上鱼种运输与放养时人为操作不当导致的损伤，鱼类感染水霉的几率较大。目前已有一些养殖池塘由于水霉病导致鱼种死亡率超过 80% 甚至全部死亡的案例，因此养殖者应对这一情况加以重视。此外，放养的鱼种一般是由传统的池塘养殖模式进行培育，在进入高度集约化且水体流动的养殖单元中进行养殖时，应在 7~10 天之内逐步调整推水的力度，逐渐加大水体流量至全负荷推水，给鱼类足够的适应时间，减少鱼类的应激反应，以降低鱼类的损耗。

四、饵料系数的控制

鱼类自身的生活习性决定了大部分主养品种在流水养殖环境下会不断顶水，加大了鱼类的活动量，这样虽然可以降低鱼类肌肉脂肪含量，使肌肉更加紧实，品质更好，但与此同时也会使养殖期间的饵料系数增高。饲料成本一般占养殖生产成本的60%以上，因此这直接关系到了农户的养殖效益。对于这一问题，可以采用调节水流大小的方法解决，在养殖单元中溶氧足够的前提下，可以适当的降低水体流速。在需要吸污时，再提前2小时满负荷推水即可，这样既能保证污物的有效收集又能减少鱼类的活动量，降低饵料系数。在养殖后期溶氧消耗量较大时，可以开启辅助增氧系统，以保证水体溶氧。此外，投喂优质的浮性饲料也是降低饵料系数、提高污物收集率、促进鱼类生长的重要手段。

五、水质调节

一般养殖池塘面积在30亩以上的大池塘中，水质相对稳定，在养殖池塘仅有5~10亩的小池塘中应用该模式时，蒸发和渗漏等因素对水质影响较大，因此需要加以重视。一般控制在水体透明度在30~35厘米最佳，水质过肥时，可以采取加注新水、在外塘种植水生植物、泼洒对应的降肥药物等措施加以控制；在水质过瘦时，可以全池泼洒藻源、肥水素等以增肥。日常调控时，也可以使用光合细菌、芽孢杆菌等生物制剂，进行日常的水体维护。

六、病害防控

在鱼种入池阶段除了对水霉病的防治加以重视以外，更重要的是鱼种对流水养殖模式的适应，之前提到过可以采用控制水流，逐步推水的方法降低鱼类损耗。此外，在鱼类养殖阶段，根据养殖品种的不同，对其常见病害应有针对性的提前预防，一般采用拌喂药饵、药浴等方式进行防治。需要注意的是，保持良好的水体环境是病害防控的关键，特别是对于一部分暴发几率较高的细菌性病害与寄生虫病，应先调节水质，再进行治疗。

七、池塘与系统的清洁管理

养殖期间，需要维护池塘与系统的清洁。系统中，除了定时将污物通过吸污装置移出外，对系统前端推水装置与尾端吸污管道的清洁也尤为重要。系统前端推水装置使用的是抗菌纳米增氧管，且放置在水下，一般情况下整个养殖期内不需要单独对其进行清洁；尾端的废弃物收集区为封闭结构，养殖鱼类无法进入，正常情况下吸污管道上的开孔也不会堵塞。但需要注意的是，养殖池塘大多位于农村，周边树木较多，特别是北方地区的秋季，池边树木大量的落叶跌落在养殖池塘或系统内，如不及时清理，对推水纳米管道与吸污管道会造成较大影响。主要表现在树叶残渣附着在推水纳米管周围影响纳米管出气，降低养殖单元内水体流速与堵塞吸污管道开孔影响吸污效果。一般采取及时清理池塘水面落叶、推水装置前端加装拦截网防止落叶进入系统、在系统上方加盖遮阳网等措施可以有效应对。

八、风险控制

与传统的养殖模式不同，IPA系统中主养鱼类超高密度集中在系统的养殖单元中，养殖风险较传统养殖模式有大幅度的增加，因此需要提前做好应对突发事件的措施。首先应加强管理，提高养殖者的风险意识，制定严格风险管控措施；其次，定期对系统的设施与设备（包括运行设备与备用设备）等进行全面系统的检查，备用发电机至少每周开启一次，确保正常运转；再次，利用科技手段降低养殖风险，如在系统的控制电路中加装报警装置，设备停止运转时及时提醒养殖者采取措施，利用水质在线监控平台设置溶氧低限阈值，养殖单元内溶氧过低时发出警报等。

第三节　应用情况

池塘循环流水养殖技术最早由美国奥本大学蔡珀教授发明，其技术理念是在增加渔业产量，提高效益的同时，最大限度地收集和利用水体中的营养物，降低能耗，实现池塘高效、低碳养殖。由于渔业模式与政策导向不同，该技术在美国仍处于试验示范阶段，其他国家未见报道。2013 年，该技术由美国大豆出口协会引入国内，并在江苏吴江建造了首套池塘气推循环流水养殖系统，开展试验研究。由于该技术符合我国渔业对节水、节能、生态、高效的发展要求，在资源节约、生态环境保护及渔业增效等方面具有明显优势，并且能够解决国内渔业养殖模式在转型方面遇到的诸多问题。因此，国内多家科研院所与渔业机构积极投入资金与人力、物力开展研究，截至 2015 年已在江苏、安徽、北京、上海、山西等地已经建成池塘循环流水养殖系统近百套，养殖品种包括草鱼、罗非鱼、黄颡鱼、鲈鱼、斑点叉尾鮰等 10 余个。安徽铜陵等地利用该模式进行养殖生产，系统中加州鲈的单产水平达到了 150 千克/米^3，斑点叉尾鮰单产 200 千克/米^3，黄颡鱼单产超过 100 千克/米^3；山西养殖草鱼单产水平达到了 125 千克/米^3，江苏、上海等地养殖产量也有大幅提升。与此同时，部分省市还就该项技术出台了专门的补贴政策。

总的来说，该项技术引入国内时间短，总体上仍处于起步研发阶段，在系统设施的规格与材质、设备的改进、品种的选择、集污的方式、相关的配套技术等方面仍需要进一步的验证与完善。但该项技术所具备的节水、节能、生态、高效的特点，得到了越来越多的养殖者的认可，目前该技术在国内渔业领域发展十分迅速，发展潜力巨大。

第五章
微孔增氧技术

第一节　技术定义与原理

　　微孔增氧技术，又称纳米增氧技术，是利用罗茨鼓风机通过输气管道对放置于养殖水体底部的纳米增氧管道进行充气，直接把空气中的氧输送到水层底部的增氧方式，具有高效节能、安装方便、使用寿命长等特点。其独特的微孔曝气技术，克服了传统增氧方式表面局部增氧、动态增氧效果差的缺陷，实现了全池静态深层增氧，使增氧效果明显提高，是一项为水产养殖业传统的增氧方式带来革命性创新的增氧技术。

　　其原理是罗茨鼓风机将空气送入输气管道，输气管道将空气送入微孔管，微孔管将空气以微小气泡形式分散到水中，这些微小气泡使空气与水体的接触面积大大增加，便于空气中的氧气更好地溶解于水中。同时，气泡由池底向上浮起，还可造成水流的旋转和上下流动，水流的上下流动将上层富含氧气的水带入底层，水流的旋转流动将微孔管周围富含氧气的水向外扩散，实现池水的均匀增氧。此外，气泡的上浮带动底层水与表层水产生对流，将池塘底部的有害气体带出水面，加快池底氨氮、亚硝酸盐、硫化氢的氧化，改善了池塘底部生态环境，减少了病害的发生。

第二节　技术优势

一、高效溶氧

由纳米管上超微细孔曝气产生的气泡，在水体中与水的接触面积增大，上浮流速更低，接触时间更长，更容易使空气中的氧溶入养殖水体，提高溶氧效率。

二、恢复水体自我净化功能

从溶氧在养殖水体中的垂直分布情况来看，水体底层的溶氧量最低，同时底层沉积的淤泥、残饵、鱼类代谢物等有机物的分解又会消耗大量的氧气，因此，水体底层是最需要增氧的区域。目前池塘养殖中常用的机械增氧方式（如叶轮式、水车式等）多为水体表层或上层增氧，而微孔纳米增氧为水底增氧，水层底部溶有充足的氧气可以加快底部微生物对有害物质的分解，促进池底环境的改善，恢复水体的自净功能。

三、节约耗电成本

采用微孔曝气增氧装置，不仅增氧效率高，而且能耗较低，一般 10 亩的养殖池塘只需配备 2.2 千瓦或 3 千瓦功率的罗茨鼓风机即可，较常用的叶轮式增氧机，其能耗可以降低 30% 以上，进而节约了养殖成本。

四、实现生态养殖，保障养殖效益

持续不断的微孔增氧为水体提供了充足的溶氧，水体自我净化能力得以恢复并提升，水中的菌相、藻相达到自然平衡，能够构建水体的自然生态系统，使养殖动物的生存环境得到改善，充分保障了养殖效益。

五、安全、环保

一般的叶轮式、水车式等机械增氧设备，其电机都是在水中运转，对养殖生产者和水产动物都存在潜在危险，工作的同时也容易会给水体带来二次污染。微孔增氧技术所用的增氧主机是在岸上工作，不易漏电，也不会给水体带来噪声与污染，具有很好的安全性与环保性。

六、操作方便、布置灵活

微孔增氧管道安装简便，经久耐用且易于维护，可以更加方便灵活地放置在需要的养殖水体中运行，提高水体的氧含量。

第三节　技术要点

一、设备组成

微孔增氧装置主要由罗茨鼓风机，主、辅输气管道，微孔曝气管（纳米增氧管）及辅助配件组合而成。

1. 罗茨鼓风机

罗茨鼓风机具有运行可靠、出气量稳定、压力大等特点，一般养殖水体所选用的罗茨鼓风机功率根据自身需要从 2.2~7.5 千瓦不等。其功率的配置与养殖池塘水位、养殖密度、养殖品种及水环境状况密切相关，一般功率配置为 0.25~0.3 千瓦/亩。罗茨鼓风机需要安装在距养殖池较近的空旷区域，且接电方便，鼓风机上方应安装便于散热的防护罩，在日常管理期间，需要对鼓风机定期进行维护保养，保证其正常运转。

2. 输气管道

常用的输气管道从材质上分为两种，分别为 PVC 管和镀锌管。由于罗茨鼓风机运行时在出气口附近形成高压气流，温度较高，PVC 材质的输气管道受热容易软化，因此在实际应用过程中，一般采用在罗茨鼓风机出气口附近使用镀锌管，其余输气管道使用 PVC 管的配合使用的方法。此外，输气管道的口径需与风机出气口的口径相配套。

3. 微孔曝气管

微孔曝气管道长期处于养殖水体底部，为防止水体中的微生物、藻类等附着，影响出气效果，一般采用的是抗菌纳米管，常用的纳米管道外径为 25 毫米，内径 12 毫米，每米每小时的曝气量可以达到 2.2 立方米，固定于距水体底部 10~15 厘米的位置。需要说明的是，除了采用纳米管作为底部充气管道外，许多养殖户从节约投资、使用方便等方面考虑使用 PVC 材质管道作为充气管道也是可行的。

二、微孔增氧技术与传统增氧技术结合使用，对水体增氧更为有利

微孔增氧技术虽有诸多优点，但也有其局限性，由于罗茨鼓风机的出气量与纳米增氧管的曝气量相对应，决定了纳米增氧盘在相对较大的养殖水体中只能采用点式或条式等局部布设的方法。不过，纳米增氧技术能够解决养殖水体上、下水层充分增氧的问题，能实现养殖水体的局部增氧，因此在实际应用该项技术时，应尽可能配合水车式或叶轮式等增氧方式，使养殖水体平面与立体同时增氧，达到均匀增氧的效果。

三、输气管道与纳米增氧管的维护

输气管道多数采用的是 PVC 管道，长时间在室外暴晒，容易老化损坏，因此在 PVC 输气管道安装时，可将管道埋设于池边泥土中，防止老化。纳米增氧管由于其材质特性，不可拉拽或弯折，以防止管道折损漏气。在室外土池中应用时，由于池塘水体富含大量微生物与藻类，容易将细微的纳米孔堵住，除了采用抗菌纳米管以外，如发现纳米管出气量减少，可将管道取出，阳光下曝晒后清理，之后用强氯精浸泡 24 小时，洗净后再放回使用。

四、合理、规范布设管道

合理、规范布设输气管道与微孔曝气管道是实现有效增氧的前提，目前多数养殖户对此没有足够的重视，对于管道的布设位置、间隔距离及固定方式等较为随意，不仅影响了设备的使用效率，还给后期的维护造成了不便。据研究，管线处的溶氧量与管线之间的溶氧量没有显著差异，合理的间隔距离应为 5~6 米。

五、防止主机发热

池塘水体的水压与输气管道存水会造成风机主机负荷加重，引起主机与连接风机出气口附近的输气管道发热，容易造成主机烧坏或出气口处 PVC 管道软化，一般解决方法有：一是提高风机功率，不过提高风机功率会造成不必要的能耗浪费；二是之前讲到的在罗茨鼓风机出气口附近使用镀锌管，其余输气管道使用 PVC 管的配合使用的方法；三是在输气管道末端加装止流阀，防止关闭风机时水流通过充气管道的孔眼倒流回输气管道，再次开启时增加电机负荷。

六、定期检查

在高密度养殖情况下，微孔增氧系统应长期开启，为防止风机过载停机或管道接口处受压崩开等情况的发生，在日常管理时应经常对系统各部件进行检查，特别是对电机过热、出气口处管道受热软化、管道的各部分接口的牢固度以及纳米增氧管的出气量等方面加以重视，以免造成增氧中断，养殖水体缺氧，给生产造成不必要的损失。

七、安全存放

在生产周期结束后，有条件的可以将微孔增氧设备与设施拆卸后，移入库房中保存，以延长使用寿命，降低生产成本。

第四节　应用情况

资料显示，微孔增氧技术最早于 2006 年在江苏宜兴等地等作为河蟹养殖产量突破性增长的关键技术被大家所认知，之后便开展了包括曝气装置、配套设施、实用性、经济性、应用技术等方面的系统性研究，相关技术逐渐成熟、完善。2008 年该技术被江苏省列为财政补贴范围，2009 年又被列为江苏省水产养殖"十大"主推技术之一，之后山西、江西、北京等地陆续开展了该项技术的试验示范和推广应用，均取得了很好的效果，至今该技术已经被全国范围内的水产养殖业者所接受与应用。

近年来，微孔增氧技术因其具有改善生态环境、提高产量、降低能耗、降低饲料成本、增加效益等优点，被列为农业部水产养殖节能减排主推技术之一，并在全国范围内展开推广。据不完全统计，全国微孔增氧技术的应用面积已达数百万亩，主要应用省市有：江苏、浙江、福建、广东、上海、山东、山西、辽宁、北京等；主要应用品种有：河蟹、南美白对虾、梭子蟹、罗氏沼虾、青虾、小龙虾、锦鲤、金鱼、鲟鱼、刺参、鲍鱼等品种的养殖；其应用的养殖模式包括全封闭工厂化循环水养殖模式、温室大棚养殖模式以及室外池塘养殖模式、网箱养殖模式等。在室内的工厂化与温室大棚养殖模式中，微孔增氧是养殖的主要增氧方式，特别是在养殖经济价值较高的观赏鱼类、冷水性鱼类、甲壳类及贝类等应用较为广泛。在传统的室外池塘养殖模式当中，微孔增氧方式一般结合水车式或叶轮式增氧方式使用较为常见。

多年的研究与推广成果表明：微孔曝气增氧技术改变了传统增氧技术对池塘底层水体增氧效果不明显、工作噪声大、能耗高的局面，在渔业生态和环境保护、实现健康绿色和无公害水产养殖方面具有显著的促进作用，并能提升养殖品种的品质与效益，在"十三五"渔业产业的调整、转型发展期间仍具有重要的推广价值与巨大的推广潜力。

第六章
利用生物(浮床)治理池塘富营养化技术

第一节　技术背景及作用机理

利用生物（浮床）治理池塘富营养化技术是近年来引入水产养殖业的一项生态治水技术，它是以生物浮床等浮岛设施为载体，将生长在陆地上的一些经济植物（如蔬菜、花卉等）生物浮床种植在养殖池塘中。通过植物的生长不仅可以吸收养殖水体中的过多的氮、磷、亚硝酸盐、重金属等有害元素，实现改善养殖水质条件的生态效益，而且还能够增加额外可观的经济效益与景观效益。同时，养殖水体条件的有效改善可以降低鱼病发生的几率，减少渔药、水质改良剂等生产投入品的使用，在保障养殖水产品的质量安全、增加单位效益、减少生产投入等方面具有重要意义。

一、技术应用背景

我国是一个严重缺水的国家，水资源短缺与水污染问题已经成为阻碍社会发展的主要问题之一，而水资源的污染又进一步加剧了水资源的紧张，造成恶性循环。水体的污染对渔业养殖池塘、河道、公园等经济与公共水体的影响尤为突出，特别是在渔业生产领域。由于在渔业生产中过度追求产量与效益，养殖者多采用高密度集约化的养殖模式，在养殖过程中投入大量饲料、药物，导致鱼类的残饵、粪便等过量堆积，造成养殖水体严重富营养化。在这种情况下，许多净水的设施、产品与技术得到应用，但许多净水方式投入成本过高或效果不持续。鉴于此，利用浮岛设施将水生植物种植在水体中，通过水生植物的生长吸收水体中过多的氮、磷等富营养化因子，从而达到净化水质的目的的生物净水技术得以应用。

二、作用机理

① 水生植物利用表面积很大的植物根系在水中形成浓密的网，吸附水体中的大量悬浮物，在发达的植物根系表面形成生物膜，膜中富集大量微生物。同时水生植物可以通过根系向水中输氧，从而在根系位置营造不同含氧量区域，不同的微生物分别在适宜的区域生长、繁殖，这些微生物通过代谢活动，将水中的有机污染物降解成为无机物，成为植物能够利用的营养物质，促进了植物的生长，人们通过收获浮岛植物和捕获鱼虾减少水中的营养盐，降低水体的富营养化程度。

② 生物浮床通过遮挡阳光，抑制藻类的光合作用，减少浮游植物的生长量，通过接触沉淀作用（富营养化的水通过水生植物根系与根系间的间隙时，水中的漂浮物触到根系即沉淀）促使浮游植物沉降。另外，浮游植物产生的化感物质（植物或微生物的代谢分泌物对环境中其他植物或微生物有利或不利的作用）可以抑制水体中藻类的生长，有效地防止"水华"的发生，提高水体的透明度。据有关研究表明，在生物浮床覆盖率只有25%的条件下，可以削减94%的植物性浮游生物。

③ 水生植物的根系是鱼类和水生昆虫等得栖息场所，在浮床区域内形成了一个水体小生态，在一定范围内实现了水体的自我净化功能。

第二节　技术优势

一、净化水质，保护养殖水域生态环境

水体中过量的氮、磷会增大水华爆发的几率，氨氮含量的升高还会有造成鱼体氨氮中毒的危险，个别水体中甚至出现重金属离子超标。在养殖水体中布设生物浮床，通过植物的根系吸收水体中过多的总氮、总磷及重金属等污染因子，促进植物茎、叶生长，再通过植物的收割，将富营养化因子移出水体，达到降解水体中的有害物质、净化水质、保护水域生态环境的目的。

二、有效利用有限的渔业资源

该技术将水体中过剩的或鱼体不能利用的营养元素转化到植物体内，促进植物的生长，实现营养物质的再利用。此外，养殖水质的改善，可以提高水体的单位鱼载量，增加养殖产量与效益，进而提高水资源与土地资源的利用率，促进了渔业的健康、可持续发展。

三、为微生物提供良好的栖息场所

植物的根系在生物浮床的底部形成大量盘根错节的网状结构，并在其附近营造适合不同微生物生长、繁殖的好氧、厌氧等区域，这些区域能够为各种微生物提供优良的繁殖、代谢环境，促进微生物的富集，加快水体中氨氮等有害物质的转化，为水生植物提供营养源。

四、遮蔽作用

在养殖水体中布设生物浮床能够遮蔽阳光，抑制水体中藻类的过快繁殖，

降低水体富营养化程度。另外，通过对阳光的遮蔽，可以减少水体吸收的光热，有效防止水温的过快变化，对稳定池塘水温、降低病害发生率具有良好的效果。

五、保障水产品质量安全

通过养殖水环境的改善，为鱼类创造了一个优良的生长条件，能大大减少鱼体的应激反应，降低鱼病发生的几率、减少药物投入，降低药物残留的风险，保证水产品质量的安全。

六、带动农民增收致富

水生植物通过吸收水体中过剩的营养元素用以自身的生长，能够节省普通陆地栽培过程中肥料的使用成本，收获的水生植物还能够产生额外的经济效益。此外，通过养殖水环境的改善，可以进一步提高养殖动物的品质，增加养殖经济效益，促进农户增收。

七、实现景观效益

水生植物的种植可以美化养殖环境，提高新农村建设品质；同时在公共水域应用，可以为广大市民创造一个优良的居住和休闲环境。

第三节　技术要点

一、布设密度

在养殖池塘中应用该技术时，生物浮床的布设密度是关键技术之一，布设密度过小，达不到水体原位修复的效果，布设密度过大，不仅增加先期投入与后期管理成本，而且会影响水体中藻类的光合作用产氧和水质的稳定。从近期的研究成果来看，目前对于生物浮床的布设密度，较为统一的认知是不超过养殖池塘总面积的 25%。据北京市水产技术推广站于 2012 年的生物浮床布设密度试验研究成果表明：对试验池塘水体中总氮、总磷、亚硝酸盐、COD 的吸收效果，15% 的布设比例大于 10% 的布设比例大于 5% 的布设比例。但从总体趋势来看，15% 与 10% 的比例要明显好于 5% 的比例，15% 的比例略好于 10% 的比例。从试验池塘的主养鱼类生长情况来看，10% 布设比例的池塘收获的主养鱼，其平均规格、单位净产量、饵料系数均优于 15% 的布设比例与 5% 的布设比例；此外，考虑到在以后的大规模推广过程中，该项技术还是立足于配合养殖户的渔业生产进行应用。根据调查，10% 的布设比例从制作成本与后期投入的管理成本等方面更容易被养殖者所接受，因此 10% 的浮床布设比例作为较合适的应用比例。需要说明的是，在实际应用时，浮床的具体布设比例更多情况下还是取决于养殖池塘的水体条件与农户意愿。

二、水生植物的选择

水生植物的选择需要满足以下要求：首先应适宜当地的气候与水质条件，具有较高的成活率，且优先选择本地品种；其次根系发达、根茎繁殖能力强（如扦插类植物）；再次植物生长速度快、生物量大、净水效果好；最后，具有一定的观赏性或经济价值。

目前，应用于生物浮床治理池塘富营养化技术的水生植物有数十种，包括水生花卉类、水生蔬菜类、普通农作物等，如鸢尾、千屈菜、旱伞草、花叶芦竹、茭白、蕹菜、水芹、丝瓜、水稻，等等。养殖者可根据自身养殖生产需要进行选择，一般选择生物量大、吸收营养物质效果好、易成活或可多茬收获的水生植物；在北方地区建议选择能够自然越冬的水生植物，如鸢尾、千屈菜等。目前水生植物种植最多的品种为蕹菜（空心菜）。空心菜市场易得、投入成本低且再生能力强，可以扦插繁殖，即不需要单独培育带有根系的空心菜进行种植，只需在市场上购买商品空心菜，然后扦成数段，种植在浮岛上即可生根生长，且空心菜认知度高，市场销售量大。一般北方地区空心菜每年可以收获 3 茬左右，南方地区可以收获 4 茬以上，能产生较好的经济效益。另外，从生态效益角度考虑，不同的水生植物适合的水质和抗污染能力不同，因此如何针对这一点选择植物很重要。如菹草、美人蕉其抗污染能力较强，根系较发达，适合种植在污染严重的水环境中；这就需要研究者深入了解每个浮床的生态环境，水质条件以及水生植物的特点，从而在不同的环境中种植适合的生物，从而达到净化环境的目的。

三、生物浮床材质的选择

生物浮床在材质选择上应重点从以下 4 个方面考虑：首先是结构稳定，抗风浪侵袭；其次是浮床的耐用性，浮床直接与水体长时间接触，因此需要选用抗腐蚀、无污染的材料；再次是浮床的经济性，在达到技术设计要求的同时，浮床必须兼顾其经济性，降低运行维护费用，才能在水产养殖中不断扩大应用范围；最后是拓展性，即浮床可以任意灵活拼接，方便运输与不同图案及形状的组装。

目前应用较为广泛的浮床材质有泡沫材质、PVC 材质、木材质与竹材质等。北京市水产技术推广站于 2012 年对以上 4 种材质的优缺点及经济性进行了比较分析。第一，泡沫材质：其优点是有统一的规格标准、可以规模化生产、运输与操作简便、使用寿命长、可以拼装图案，满足景观需求；缺点是目前只适合种植根茎较大的水生花卉，还没有适合根茎较小的水生蔬菜种植的泡沫浮岛；泡沫材质的平均使用寿命为 7 年，一次性成本为 65 元/米²。第二，竹筏材质：其优点是取材容易，造价成本较低；缺点是床体自重大、易吸水、易腐、景观布局呆板；使用寿命为 2~3 年，一次性成本为 30~40 元/

米^2。第三，PVC 材质：其优点是美观、大方、使用寿命长；缺点是造价高，成本控制困难；使用寿命为 5~7 年，一次性成本为 100 元/米^2 以上。第四，木材质：其优点实取材容易，造价成本较低；缺点是床体自重大，易吸水，易腐，景观布局呆板；使用寿命为 3~4 年，一次性成本：30~40 元/米^2。

比较 4 种材质的浮岛，PVC 材质的浮岛造价过高，性价比低，需要进一步改进后再进行应用；竹筏材质与木材质的浮岛一次性成本低，取材容易，但使用寿命相对较短、景观布局呆板；泡沫材质的浮岛较其他 3 种浮岛平均成本低、操作简便、而且能够规模化生产，但目前泡沫浮岛一般用于种植水生花卉的成品，种植水生蔬菜的成品需要在现在基础上根据种植的蔬菜品种进一步改进与生产。综上所述，利用泡沫材质的新型浮岛种植水生花卉较其他 3 种材质的浮岛种植水生花卉更具优势。另外，在没有适合种植水生蔬菜的新型泡沫浮岛被规模化生产之前，利用竹筏材质与木材质的浮岛种植水生蔬菜也可以应用。

四、防止鱼类啃食植物根系

一些养殖池塘（特别是大水面池塘）养殖的鱼类品种较多，植食性、杂食性、滤食性等鱼类混养较为常见，因此在布设生物浮床时，应做好水生植物根系的保护工作，防止草鱼、鲤鱼等植食性或杂食性鱼类啃食，造成技术应用效果不佳。一般采用的方法是：在安装生物浮床时，于浮床底部及四周加挂一层防护网，防止鱼类进入啃食植物根系，防护网距浮床底部 20 厘米左右。

第四节　应用情况

我国在 1991 年开始推广生物浮床技术，经过多年的试验研究，目前生物浮床已广泛应用于水库、湖泊、河道等水域的生态修复，并且取得了较好的净化效果。进入 21 世纪，随着生物浮床净水效果的显现，渔业工作者将其引入水产养殖行业，并针对养殖水体条件，在生物浮床的构建、水生植物品种的筛选、合理布设密度的等方面开展了系统的研究。目前在重庆、北京、天津等多个省市均有大规模的应用，主要种植品种有蕹菜、鸢尾、千屈菜等，部分地区还针对种植出的水生蔬菜建立了品牌，为该技术的普及应用打下了基础。但与此同时，利用生物（浮床）净水技术在水产养殖的应用中还存在一定的问题，仍需要渔业工作者进一步的研究。

一、不同水质条件下水生植物的合理配置

据不完全统计，目前对净化水体富营养化的水生植物品种的研究已达 80 余种，包括水生蔬菜、水生花卉、牧草类、普通农作物等。由于不同植物对养殖池塘水体中不同的富营养化元素吸收效果不同，因此对于不同池塘水质种植何种水生植物尤其关键，在这一方面仍需要进一步研究。

二、水生植物的选择与生长控制

修复水体的水生植物有很多种，在选择时可根据实际情考虑不同品种的搭配，但需注意的是，若引进外来品种，存在生物入侵的风险，应加强日常的管理。

三、浮床载体的选择

浮床载体需要长时间浸泡于养殖水体中，有些简易浮岛由木条或竹子等制成，其牢固性与抗风浪能力欠佳，容易在水中腐烂，对水体造成污染；泡沫、聚氯乙烯等有机高分子材料制成的浮岛载体还存在二次污染的风险，并且很难维系动物、植物、微生物的协同作用；无机材料制成的浮岛虽然有利用生物膜的形成，但其制作工艺复杂，成本偏高。因此，在浮岛载体材料的

研究方面，还应加大力度，研究的浮岛载体需要符合化学性质稳定、无污染风险、易挂膜、成本低、易安装等要求。

近年来，生物浮床治水技术又呈现出了新的研究趋势，在复合式生物浮床净水技术的研究方面有了新的突破。复合式生物浮床净水技术是集合了浮床植物、微生物、合适介质以及鱼类等各相关要素的综合性技术，以浮床为载体种植的水生植物通过伸入水中的根系吸收水体中的氮、磷以及其他营养元素，通过收获植物把水体中的氮、磷等富营养化因子去除。同时，在浮床底部悬挂高效组合介质，利用组合介质表面形成的生物膜对水体进行净化，利用光合细菌降解水中有机物。复合式浮床净水技术是现有生物浮床净水技术的延伸，避免了采用单一的水生植物或微生物修复富营养化水体的不足，达到了快速、高效的水处理效果。

总的来说，利用生物浮床治理池塘富营养化技术可以有效控制养殖水体污染，维护水体生态平衡，实现水体的良性循环，对我国养殖业健康发展具有重要意义。目前，生态修复水体的方法与其他方法相比，具有成本低、能耗低、操作简便以及环保等优点，越来越受到人们的重视，逐渐成为广大水产科技工作者研究的热点。利用生物浮床治理池塘富营养化技术改变了以往水体污染物净化只有投入没有产出的状况，可同时获得生态效益和一定的经济效益，可以更好地调动养殖者的积极性，从而使得这一技术具有更为广阔的应用前景。

第七章
池塘底排污水质改良关键技术

第一节　技术背景及技术原理

　　池塘底排污是指根据池塘大小，在养殖池塘底部最低处，建造一个或多个漏斗形排污口，通过排污管道将养殖过程中沉积的水产动物代谢物、残饵、水生生物残体等废弃物在池塘水体静压力下，利用连通器原理无动力排出至池边地势相对较低的竖井中；再通过动力将竖井中收集的废弃物提出，经过固液分离、水生植物净化等处理措施后，达标水体流回原池，固体沉积物用于农作物有机肥料，实现水体与废弃物的循环利用。

　　池塘底排污系统由池底深挖、底部排污、固液分离、水生植物净化等环节组成，其核心是底部排污。系统通过对养殖水体采取物理与生物相结合的净化措施，可有效防止养殖水体内源性污染，促进养殖水体生态系统良性循环，有效改善养殖池塘水质条件，对提高养殖产量、保障水产品质量安全、实现节能减排与资源有效利用具有重要意义。

一、技术背景

近年来，随着水产养殖业集约化的快速发展，国内多数传统池塘精养模式的养殖密度越来越高，有些地区甚至达到亩产上万斤。不过，在给养殖者带来丰厚经济效益的同时，养殖水体污染压力也越来越大，水体富营养化日趋严重。据研究表明，亩产在 2 000 千克的成鱼精养池塘，鱼类年排泄物可达 5.6 千克/米² （相当于有机干物质 1.12 千克/米²），鱼类的粪便、残饵等养殖废弃物过量沉积在池塘底部，远远超过了水体本身的自净能力，使养殖池塘成为鱼粪坑。在导致养殖水体内源性污染的同时，也对周边水域环境造成外源性污染，这已经成为影响我国水产养殖业健康发展的一个共性瓶颈问题。

为保证渔业健康、可持续发展，目前国内各地区均开始将渔业工作重点转移至水产生态健康养殖上来，池塘养殖污水的治理作为水产健康养殖的主要措施之一，已经成为我国渔业工作的重点课题。池塘底排污技术是近年来研发出的一种应用于精养池塘的生态治水技术，其处理效果好、成本低、易推广，目前在国内的推广应用规模较广。

二、技术原理

在物理过滤环节，利用池塘与竖井之间排污管道的连通器原理，在池塘水体静压力下，先将池塘底部污水无动力排出至污物收集竖井中，再抽提至平流沉淀池中。采用静置沉淀的方法，使污水中大部分的固体废弃物沉降在池底，上清液再进入竖流沉淀池中，利用网筛进一步对颗粒较小的固形污物进行阻拦沉淀，定期将沉积物进行清除。在生物净化环节，采用种植水生植物净化水体的方法，水生植物利用其发达的根系在水中形成浓密的网状结构，特别是数量较多的水生植物集中种植时，其根系在水体中相互交错生长，可以有效阻截、吸附水体中的大量悬浮物与有机物。同时，植物根系表面形成的生物膜中富集大量微生物，包括硝化细菌、亚硝化细菌等。这些微生物在自身代谢过程中，将水中的有机污染物通过氨化、硝化等作用逐步降解成为无机物，成为植物能够利用的营养物质，促进了植物的生长，再通过收获水生植物的方法减少养殖水体中的营养物质，降低水体的富营养化程度，达到净化水质的目的。

第二节　技术优势

一、净水、节水效果明显

池塘底排污技术可将位于养殖池塘中低层的氧气含量低、天然饵料少且混合有大量养殖废弃污染物的水体以及底层的有害沉积物有效排出，在实现池塘自动清淤的同时，改善了养殖水体的环境，净化了水质，进而减少了鱼病发生几率，降低了饵料系数，增加了养殖产量。此外，在系统的水处理环节中，利用物理、生物的处理方法，处理后的水可以达到"地表水环境质量标准"三类水的标准，可再循环利用或无害排出。因此，池塘底排污技术的应用不仅可以有效净化养殖水体，还可降低传统池塘精养模式60%的耗水量，这样便在很大程度上缓解了养殖生产给当地带来的资源压力与环境污染压力。

二、节能减排效果明显

底排污技术对池塘底层污水和养殖沉积物的排除率可以达到80%，这便意味着减少了80%以上的清淤能耗和劳动量。此外，养殖污染物通过物理过滤可以实现大部分的回收和利用，在经过发酵等处理工艺后，可直接用作农作物的优质肥料，实现物质的循环利用。

三、投入成本低，易于推广

一般情况下，池塘底排污技术应用于 5~10 亩的精养池塘，包括排污口、排污管道、集污竖井、物理过滤池等设施建造在内，其费用只需 1 万元左右。此外，在山区池塘养殖条件下，养殖者可借助有利地势，因地制宜地开展技术应用，更有利于降低成本。

第三节　技术要点

一、池塘底排污系统的设施建造

池塘底排污系统的设施主要由塘底排污口、排污管道、集污竖井、固液分离池、人工湿地池等组成。

1. 塘底排污口

排污口应修建于池塘底部最低处，一般为方形，长、宽、高至少为 80 厘米、80 厘米、40 厘米，排污口周边硬化面积不小于 6 平方米，且呈 15°~30° 的弧形锅底状。排污口挡板为正方形，有 4 个支点，在排污口上应安装有拦鱼网，以防止鱼类逃跑，其材质为铁、不锈钢等。此外，排污口的数量根据池塘大小而定，一般 5~10 亩的池塘，建造 3 个锅底形排污口；10~30 亩的池塘，建造 4~5 个锅底形排污口或"十"字形排污沟；30 亩以上养殖池塘，建造 5~10 个多条平行的排污口。

2. 排污管道

排污管道为 PVC 材质，分支排污管道直径根据池塘大小而定，通常小于

30 亩的池塘，排污管道直径为 110~160 毫米；大于 30 亩的池塘排污管道为 200 毫米；一般总排污管道直径为 315 毫米，池塘规格较小可选择直径较小的排污管道。

3. 集污竖井

集污竖井中安置有插管式阀门，其作用是汇集池底排出的污水。一般集污竖井修建在池塘埂边，从池塘底部排污口至竖井内的出污口有 1%~2% 的坡度，以便于养殖废水顺利排出，具体的落差可根据池塘地形，灵活掌握。当池塘底部排污口与竖井内的出污口无高度落差或落差较小时，面积小于 5 亩的池塘，最好多个池塘共用一口竖井；池塘面积大于 5 亩的池塘，最好 2 口池塘共用一口竖井。此外，竖井内的出污口在修建时，应低于竖井底面约 10 厘米，且为锅底形。

4. 固液分离池

固液分离池由平流沉淀池与竖流沉淀池组成，均为砖混结构，墙体厚度可根据当地的气候条件决定。平流沉淀池是利用比重将竖井中抽出的养殖污水含有的固形颗粒物进行沉淀分离，主要去除污水中的泥粪混合物，其面积为养殖池塘面积的 0.1%~0.5%，深度可视具体情况而定，池底开设一个有阀门控制的 15 厘米直径的排泥孔，用于控制泥粪的排放。经过平流沉淀池处理后，上清液进入竖流沉淀池进一步对颗粒较小的固形颗粒物进行阻拦沉淀，沉淀下来的泥粪运送至集粪池，再进行循环利用。

5. 人工湿地池

人工湿地池一般为养殖池塘面积的 10%，其主要作用是在人工湿地中种植水生蔬菜或水生花卉等水生植物，通过植物的生长，吸收水体中的氮、磷等营养元素，净化水质。水生植物的种植面积为湿地面积的 10% ~ 30%，种植的品种有水生花卉、水生蔬菜、普通农作物等，原则上要求生物量大、净水效果好、市场易得易售。

二、系统建造注意事项

① 底排污系统的建造期间应干塘施工，精确计算坡度落差，防止出现施工偏差，影响排污效果。

② 底排污系统适用于国内大部分的精养池塘，但由于各地区地理环境、气候条件、渔业资源状况等差别较大，因此系统的建造应因地制宜开展科学设计与合理施工。

③ 系统施工的第一步应是精确测量池底水平状况，找准坡度，在最低处建造排污口、埋设排污管道。

④ 排污口应建在池底最低处，便于污物的收集。

三、池塘底排污的配套技术

池塘底排污的配套养殖技术以"一改五化"为核心，"一改"指池塘基础设施改造，"五化"包括水体环境洁净化、养殖品种良种化、饲料投喂精准化、病害防治无害化以及生产管理现代化。

1. 池塘基础设施改造

（1）小塘改大塘

将用于成鱼养殖不规范的小塘修并成大塘，池塘以长方形、东西向为佳（长宽约比为 2.5 : 1），面积 10~20 亩为宜。

（2）浅塘改深塘

通过加高塘埂、清除淤泥实现池塘由浅变深，使成鱼池的养殖水位保持

2~3 米，鱼种池水位保持 1.5 米左右，鱼苗池水位保持在 0.8~1.2 米。

（3）整修进排水系统

要求每口池塘能独立进排水，并安装有防逃设施。

2．水体环境洁净化

水质的净化采用生物调控与物理、化学调控相结合的方式。

（1）生物调控

种植水生植物，通过植物生长吸收水体中富营养化元素，净化水质；使用微生态制剂调控，养殖期间使用光合细菌、芽孢杆菌、硝化细菌等有益细菌，调控水质；以鱼养水，适当增加滤食性鱼类与食腐屑性鱼类的投放量，改善池塘的生态结构，实现生物修复；保持养殖水体肥、活、嫩、爽，透明度在 35 厘米左右。

（2）物理与化学调控

合理开启增氧机，增加水体溶氧，保持鱼类良好的溶氧环境，促进水体中氨、氮的转化；加注新水：根据池塘水体蒸发与渗漏量适当补充新水，有条件的地方可每半个月加注新水 1 次；在养殖高峰期，根据池塘水质与地质状况每个月使用生石灰或沸石粉净化水质 1~2 次。用量为：生石灰 20~30 千克/亩，沸石粉 30~50 千克/亩。

第四节　配套养殖技术

一、养殖品种良种化

首先，养殖品种的选择须注意三个要点：一是具有市场性（适销对路）；二是苗种可得性（有稳定的人工繁殖鱼苗供应）；三是养殖可行性（适应当地的池塘生态系统）；其次，对苗种质量要严格把关，要求品种纯正、来源一致、规格整齐、体质健壮、无病无伤，且苗种的个体差异应控制在 10% 以内，套养鱼类个体大小一般不得大于主养鱼类个体大小。

二、饲料投喂精准化

1. 饲料的选择

根据鱼类的营养要求，来选择优质、适口的人工配合饲料。

2. 饲料投喂量的确定

定量投喂：根据养殖鱼类个体大小、阶段性的营养需要量、天气情况等因素综合确定每天的饲料投喂量，即：

$$日投饲量 = 鱼的平均重量 \times 尾数 \times 投饲率；$$
$$全年投饲量 = 饲料系数 \times 预计净产量。$$

3. 饲料组合投喂

在一个养殖周期内，使用两种饲料组合投喂，即分别使用前期饲料和后期饲料。如目前大口鲇通常是前期饲料占全程饲料总量的 35%，后期饲料占 65%；北方地区养殖鲤鱼通常是前期饲料占 30%，后期饲料占 70%；华东地区养殖鲫鱼，通常采用不同水温阶段选择不同饲料的组合投喂方式。

4. 其他

确定投饲区域、投饲设备、投饲时间、投饲次数及不同养殖期的投饲率，精确控制投喂量。

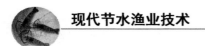

三、病害防治无害化

1. 疾病的预防

通过应用底排污技术、微生态制剂应用技术、水生植物净水技术等措施，配合养殖品种的合理放养，保持养殖水体的生态平衡，维持池塘优良的水体条件，可有效预防传染性暴发病的流行。

2. 切断传播途径消灭病原体

养殖的鱼种需要经过严格检疫，防止水生动物疫病的传播。在养殖期间，需要对鱼种、饵料、养殖工具、鱼类食场等按照相关要求，严格消毒。

3. 流行病季节的药物预防

针对不同地区、不同品种易发的流行病，需要提前进行做好预防工作。包括：① 体外预防：食场挂袋挂篓法；② 定期消毒：每隔半个月至一个月用消毒剂全池消毒；③ 体内预防：选用对应药物拌饵投喂。

4. 增强鱼体免疫力

采取放养优质鱼种、投喂优质饵料、应用微生态制剂以及接种疫苗等措施均可以增强鱼体免疫力。

5. 严禁乱用药物

水产养殖用药须符合《兽药管理条例》和农业部《无公害食品 渔用药物使用准则》（NY 5071—2002）的要求。

四、生产管理现代化

① 了解近几年的水产品价格走势，准确把握市场行情；

② 结合当地实际情况，合理设计养殖计划；

③ 放养优质鱼种，使用优质饲料；

④ 落实生产计划，加强生产管理。

第五节　应用情况

池塘底排污技术是近年来研发出的一种应用于精养池塘的处理效果好、成本低、易推广的生态治水技术。据了解，目前该系统已经在重庆、广东、湖北、湖南等9个省、直辖市建立了50余个示范点，示范规模达到1 600余亩，推广面积8 600余亩，辐射面积2.5万余亩。

据资料显示，池塘底排污技术在成都市双流县的缺水丘陵区域得到了较好地应用，通过该模式的应用，池塘亩产量取得了突破性的进展，达到了3 500千克/亩，在提高水资源与土地资源利用效率、增加农户收益的同时，降低了对周边环境的污染压力。

第八章
复合人工湿地净化水产养殖污水技术

第一节　技术基本原理及分类

一、定义与分类

人工湿地是指用人工筑成水池或沟槽，底面铺设防渗漏隔水层，充填一定深度的基质层，种植水生植物，利用基质、植物、微生物的物理、化学、生物三重协同作用使污水得到净化的系统。当池塘养殖污水进入人工湿地时，其污染物被床体吸附、过滤、分解而达到水质净化作用。

按照水体流动方式，人工湿地分为表面流人工湿地、水平潜流人工湿地、垂直潜流人工湿地以及由前面几种湿地混合搭配的组合式人工湿地或复合（式）人工湿地。

1. 表面流人工湿地

指污水在人工湿地介质层表面流动，从池体进水端水平流向出水端的人工湿地。表面流湿地通常由一个或者几个池体或渠道组成，池体或渠道间设隔墙分隔，有时底部铺设防水材料以防止污水污染地下水。池中一般填有土壤、砂或其他适宜的介质供水生植物根系固定。表面流人工湿地主要依靠表层介质、植物根茎的拦截及其上的生物膜降解作用净化水。

2. 水平潜流人工湿地

指水面在填料表面以下，污水从人工湿地池体一端进入，水平流经人工湿地介质，通过介质的拦截、植物根部吸附及生物膜的降解等作用净化水体。污水从一端水平流过一个或多个填充基质的填料床，床底设防水层。

3. 垂直流人工湿地

指污水从人工湿地表面垂直流过人工湿地介质床而从底部排出，或从人工湿地底部进入垂直流向介质表层并排出，使污水得以净化的人工湿地。垂直流人工湿地分单向垂直流人工湿地和复合垂直流人工湿地两种。单向垂直流人工湿地一般采用间歇进水运行方式，复合垂直流型人工湿地一般采用连续进水运行方式。

4. 组合式人工湿地或复合（式）人工湿地

由多个同类型或不同类型的人工湿地池体构成的池塘养殖调控系统，分为并联式、串联式、混合式等，组合方式需要根据池塘养殖的实际情况进行确定。

二、人工湿地净化污水的基本原理

在人工湿地条件下，水产养殖废水中悬浮颗粒物主要靠物理沉淀与过滤作用去除；耗氧物质主要靠微生物吸附和代谢作用去除，代谢产物均为无害的稳定物质；氮、磷等营养盐主要利用植物吸收及生物脱氮的方法去除；可沉淀固体在湿地中主要靠重力沉降去除，通过颗粒间相互引力作用及植物根系的阻截作用使可沉降及可絮凝固体被阻截而去除。

对于养殖污水中主要富集的氮、磷元素的去除，主要是通过植物根部的吸收，再运输到茎叶部分，合成植物蛋白质等有机氮和植物所需要的有机磷等的方式，最后通过收割植物而使氮、磷等污染物从养殖污水和湿地系统中去除。

除了植物吸收以外，在人工湿地系统中，氮的最终去除主要是靠微生物的硝化和反硝化作用，使含氮物质最终转变成 N_2，从污水中除去。在湿地中的植物根系部分形成一个局部的富氧环境，氨氮在亚硝化菌的作用下氧化成亚硝酸盐，亚硝酸盐不稳定，进一步在硝化细菌的作用下被氧化成硝酸盐，硝酸盐进一步在湿地的厌氧区又在反硝化细菌的作用下最终还原成 N_2。

磷的去除除了植物的直接吸收以外，还有微生物作用以及物理、化学作用。与常规的污水除磷一样，湿地中的聚磷菌在好氧条件下过量吸收污水中的磷，降低磷的含量。除此之外，污水中的磷还可以通过植物根系以及填料的拦截、共沉淀作用而去除（填料中的钙、镁可以和磷作用形成共沉淀）。

此外，人工湿地对重金属的去除，主要是靠湿地填料以及植物的吸附、截流和共沉降作用。而重金属会对植物产生毒害作用，但是有些植物吸收重金属后，在植物体内能分泌一些络合物质与重金属螯合而去掉重金属的毒性。

第二节　不同类型人工湿地的特点

一、表面流湿地

表面流人工湿地是一种污水在人工湿地介质层表面流动，依靠表层介质、植物根茎的拦截及其附着的生物膜的降解作用，使水净化的人工湿地（图

8.1）。表面流湿地具有投资少、操作简单、运行费用低等优点，但也有占地大，水力负荷小，净化能力有限，湿地中的 O_2 来源于水面扩散与植物根系传输，系统运行受气候影响大，夏季易滋生蚊子、苍蝇等缺点。

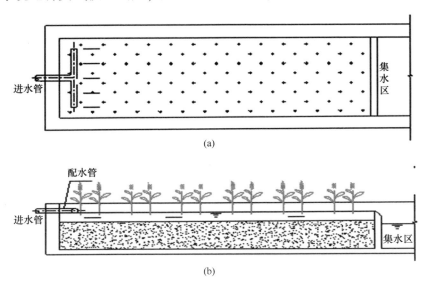

图 8.1　自由表面流人工湿地结构简图

（a）平面图；（b）剖面图

二、潜流湿地

一般由两级湿地串联，处理单元并联组成，根据处理污染物的不同而填有不同介质，种植不同种类的净化植物，通过基质、植物和微生物的物理、化学及生物途径共同完成系统的净化，对 BOD、COD、TSS、TP、TN、藻类、石油类等有显著的去除效果，不过潜流湿地还存在着控制相对复杂等问题。目前，较为常用的潜流湿地分为垂直流和水平流两种。

1. 垂直流潜流式人工湿地

污水从人工湿地表面垂直流过人工湿地介质床而从底部排出，或从人工湿地底部进入垂直流向介质表层并排出，使养殖污水得以净化的人工湿地（图8.2）。垂直流人工湿地具有完整的布水、集水系统，其优点是占地面积小，处理效率高，整个系统可以建在地下，地上可以建成绿地和配合景观规划使用。

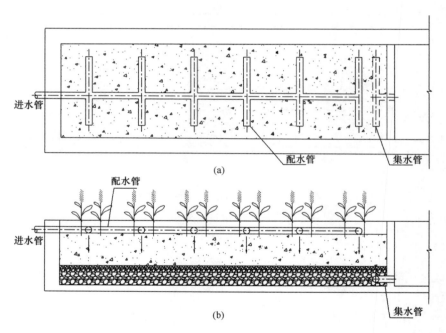

图 8.2　垂直流潜流式人工湿地结构简图
（a）平面图；（b）剖面图

2. 水平流潜流式人工湿地

是一种水面在填料表面以下，污水从人工湿地池体一端进入，水平流经人工湿地介质，通过介质拦截、植物根部吸收及生物膜的降解作用，使水净化的人工湿地（图 8.3）。

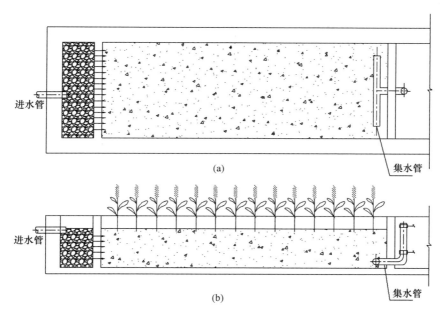

图 8.3　水平流潜流式人工湿地结构简图
（a）平面图；（b）剖面图

三、沟渠型人工湿地

沟渠型湿地包括植物系统、介质系统、收集系统，主要对雨水等面源污染进行收集处理，并通过过滤、吸附、生化作用达到净化雨水及污水的目的。沟渠型人工湿地是小流域水质治理、保护的有效手段，系统模式包括：

1. 浮水植物系统

以浮水植物为主，可通过光合作用由根系向水体放氧，通过植物吸收去除氮、磷及重金属等污染物。

2. 挺水植物系统

以挺水植物为主，植物根系发达，可通过根系向基质送氧，使基质中形成多个好氧、兼性厌氧、厌氧小区，利于多种微生物繁殖，便于污染物的多途径降解。

3. 沉水植物

以沉水植物为主，该系统还处于试验阶段，主要用于初级处理与二级处理后的精处理。

第三节　人工湿地的优点与存在问题

一、人工湿地优点

人工湿地污水处理系统是一个综合性的生态系统，用于净化养殖排放水具有如下优点：① 建造和运行费用低；② 易于维护，技术含量低；③ 净水效果好、运行可靠；④ 可缓冲对水力和污染负荷的冲击；⑤ 具备多种功能，可产生额外效益，如景观、野生动物栖息、娱乐和教育等。

二、人工湿地存在问题

① 占地面积大；② 水生植物易受病虫害影响；③ 生物和水力复杂性大；

④ 设计运行参数不精确。因此，常由于设计不当使出水达不到设计要求或不能达标排放，有的人工湿地反而成了污染源。

总的来说，人工湿地污水处理系统是一种高效的废水处理方式，它充分发挥资源的生产潜力，防止环境的再污染，获得污水处理与资源化的最佳效益。比较适合水产养殖排放污水的处理。

第四节　技术要点

一、基本结构

人工湿地一般由 5 部分组成：① 具有透水性的基质（又称填料），如土壤、砂、砾石等；② 适合于在不同含水量环境生活的植物，如芦苇、水柳、美人蕉、睡莲、凤眼莲、空心菜等；③ 水体（在基质表面之上或之下流动的水）；④ 无脊椎或脊椎动物；⑤ 好氧或厌氧微生物群落。其中，无脊椎或脊椎动物以及好氧或厌氧微生物群落则是基质和植物搭配好后系统中自然形成的生物群落，基本上不用人为添加，如图 8.4 所示（Vymazal 2005）。

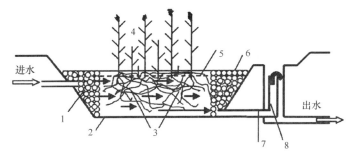

图 8.4　水平流潜流湿地结构图

1. 大石子分布区；2. 防渗层；3. 过滤基质；4. 大型植物；5. 水流；6. 布满大石子的收集区域；

7. 排水收集管；8. 维持水位的排放孔（箭头方向表示水流方式）

二、设计要点

人工湿地的设计的关键因素主要有占地面积、设计水深、基质类型、预处理方法及植物的种类等，不同类型人工湿地系统的设计不同，但都遵循系统设计的最基本原则，即通用性原则。人工湿地系统均包括一些基本元素及参数的确定，如湿地规划与选址、系统总面积、处理单元尺寸、不同单元设计参数以及具体的工艺组合等。

1. 场地选择

场地选择要符合技术科学、投资费用低的要求。人工湿地系统选址主要有以下几个原则：① 符合养殖规划与区域规划的要求；② 选址宜在水源下游，并在夏季最小风频的上风侧；③ 符合工程地质、水文地质等方面的要求；④ 具有良好的土质与基质条件；⑤ 具备防洪排洪设施；⑥ 总体布置紧凑合理，湿地系统高程设计应尽量结合自然坡度，能够使水自流，需提升时，宜使用一次动力提升。

土地面积：初步设计湿地系统的用地面积，可通过日处理污水量、水力负荷和气象资料进行估算。

2. 主体工程设计

（1）处理水量的确定

根据置换周期设计每天需要处理的水量，计算公式如下：

$$Q_X = V/T$$

式中：Q_X——循环处理水量（立方米/天）；

V——景观水体中的水量（立方米）；

T——置换周期（天）。

置换周期指湿地系统中的水全部被人工湿地处理一遍所需要的时间。

（2）湿地面积的确定

根据进水性质、出水要求以及建设条件等因素，一般将合理的水力负荷取值范围设为 8~620 毫米/天，并以此为依据计算人工湿地的表面积。根据水力负荷确定表面积的计算比较简单，但是确定合理的水力负荷比较困难。从吴振斌等（2001）的研究成果来看，为湿地系统长期安全运行起见，建议水力负荷不超过 1 000 毫米/天。

（3）系统分区

湿地单元的性状可以有多种，如矩形、正方形、圆形、椭圆形、梯形等，其中前 3 者比较常用，特别是矩形。确定湿地系统的尺寸和性状后，要对不同单元进行分区。确定湿地单元数目时要综合考虑系统运行的稳定性、易维护性和地形特点。湿地的布置形式也需多样化，即可并联组合，也可串联组合。并联组合可以使有机负荷在各大单元中均匀分布，串联组合可以使流态接近于推流，获得更高的去除效率。

湿地处理系统应该至少有两个可以同时运行的单元以使得系统灵活运行。所需要的单元数目必须根据单元增加的基建费用、地形以及适应灵活运行等方面确定。一般认为"沉淀塘+湿地"模式是一种较好的组合，在湿地中适当安排深水区有利于收集大量的沉积物，因为它们不仅提供了额外的收集空间，而且容易清除这些沉积物。

（4）单元大小的确定

确定人工湿地的表面积后，即可选择适当的长度和宽度，即长宽比。表面流湿地可以采用较大的长宽比，如 10:1 甚至更大；推流型潜流湿地较小，可在 10:1 与 3:1 内选取；垂直流湿地也不宜采用过大的长宽比，否则难以保证布水均匀，一般要求单池的长宽比小于 2:1。

在实际人工湿地污水处理系统的设计中，水力学因素直接关系到污水在系统单元中的流速、流态、停留时间及与植物生长关系密切的水位线控制等重要问题。

（5）基质选择

人工湿地中的基质又称填料、滤料，一般由土壤、细砂、粗砂、砾石、碎瓦片、粉煤灰、泥炭、页岩、铝矾土、膨润土、沸石等介质的一种或几种所构成，因此，多种材料包括土壤、砂子、矿物、有机物料以及工业副产品如炉渣、钢渣和粉煤灰等都可作为人工湿地基质。湿地基质的选择应从适用性、实用性、经济性及易得性等几个方面综合考虑。

对于自由表面流湿地，通常大型水生植物如芦苇、菖蒲、香蒲根与根系需要300~400毫米的土层，这部分土层可以优先选用原地址的表层土，也可以采用小粒径的细砂等材料构建人工土壤。对于潜流型湿地，基质的种类和大小选择范围都很广，比如沸石、石灰石、砾石、页岩、油页岩、黏性矿物（蛭石）、硅灰石、高炉渣、煤灰渣、草炭、陶瓷滤料等。一般采用直径小于120毫米的砾石（卵石）比较合适。

（6）进出水系统

人工湿地系统进出水结构设计主要考虑有机负荷在处理单元的分布、湿地系统的安全运营及蚊虫滋生等问题。

进水系统是向人工湿地中输送污水，布水时应尽量均匀。在湿地维护或闲置期间，进水系统可关闭。进水系统还可用于调控流量；进水可靠重力流，也可靠压力流。重力流布水可节省能源和运行维护费用，但需较大管径以减少水头损失；而压力流出口流速较大，可能引起冲蚀和植物损坏。进水方式可采用单点布水、多点布水和溢流堰布水，如果湿地进水区较窄或湿地呈狭长型（很大的长宽比），可采用单点进水。如果进水区较宽，宜采用多点进水；采用溢流堰进水就是在湿地进水前设一低地，低地出口也即湿地进口可设多个，但需处于同一标高位置，以利于均匀布水。

表面流人工湿地的进水系统比较简单，只设一个或者数个末端开口的管道、渠道或带有闸门的管道、渠道将水排入湿地中即可。

在潜流型湿地中，进水系统包括铺设在地面和地下的多头导管、与水流方向垂直的敞开沟渠以及简单的单点溢流装置。地下的多头进水管可以避免藻类的黏附生长及可能发生的堵塞，但调整和维护相当困难。地表面的多头进水管通常要高出湿地水面 120~240 毫米来避免雍水问题。在进水区使用较粗的砾石（80~150 毫米）通常能保证快速过滤，并可防止塘区的形成以及藻类的生长。在潜流型湿地系统中，出水系统包括地下或收水井渠中的多头导管、溢流堰或者溢流井等，有些工程可以采用简易的闸板结构。

对于垂直流湿地而言，湿地出水穿孔管处于湿地床底部，在施工时很容易被碎石和石屑堵塞，因此在建造过程中需要仔细对砾石进行冲洗、分级和压实，穿孔管周围选用粒径较大的砾石，其粒径应大于孔径，同时必须提供干净的竖管。

并联运行的系统需要设置水流分配器，比较典型的有管道、配水槽或者在同一水平高度有相同尺寸平行孔的溢流装置。溢流装置相对投资较少且容易更换或改造，在进水悬浮固体浓度较高时，采用流水槽的配水形式能够防止堵塞，但比溢流装置的建造费高。图 8.5 是集中进排水方式。

3. 人工湿地植物的特性及配置

（1）根据植物种类

漂浮植物：有水葫芦、大藻、水芹菜、李氏禾、浮萍、水蕹菜、豆瓣菜等。

根茎、球茎及种子植物：有睡莲、荷花、马蹄莲、慈姑、荸荠、芋、泽泻、菱角、薏米、芡实等。

挺水草本植物：有芦苇、茭草、香蒲、旱伞竹、皇竹草、薰草、水葱、

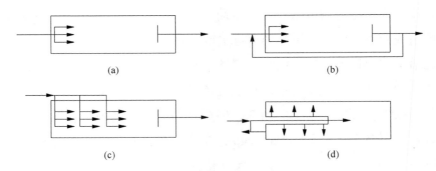

图 8.5　人工湿地的进出水方式

（a）推流式；（b）回流式；（c）阶梯进水式；（d）综合式

水莎草、纸莎草等。

沉水植物：狐尾藻、黑藻、眼子藻、菹草、金鱼藻。

其他类型的植物：主要是指水生景观植物之类的植物。

（2）根据植物原生环境

根据植物的原生环境，原生于实土环境的一些植物如美人蕉、芦苇、灯心草、旱伞竹、皇竹草、芦竹、薏米等，其根系生长有一定的向土性，配置于表面流湿地系统中，生长会更旺盛。由于它们的根系大都垂直向下生长，因此净化处理的效果不及应用于潜流式湿地中；对于一些原生于沼泽、腐殖层、草炭湿地、湖泊水面的植物如水葱、野茭、山姜、蘋草、香蒲、菖蒲等，由于其生长已经适应了无土环境，因此更适宜配置于潜流式人工湿地；而对于一些块根块茎类的水生植物如荷花、睡莲、慈姑、芋头等则只能配置于表面流湿地中。

（3）根据植物对养分的需求

由于潜流式人工湿地系统填料之间的空隙大，植物根系与水体养分接触的面积要较表流式人工湿地广，因此对于营养生长旺盛、植株生长迅速、植株生物量大、一年有数个萌发高峰的植物如香蒲、水葱、苔草、水莎草等植物适宜栽种于潜流湿地。而对于营养生长与生殖生长并存，生长相对缓慢，一年只有一个萌发高峰期的一些植物如芦苇、茭草、薏米等，则配置于表面流湿地系统。

（4）根据植物对污水的适应能力

不同植物对污水的适应能力不同，一般高浓度污水主要集中在湿地工艺的前端部分。因此，在人工湿地建设时，前端工艺部分如强氧化塘、潜流湿地等工艺一般选择耐污染能力强的植物品种。末端工艺如稳定塘、景观塘等处理段中，由于污水浓度降低，可以更多考虑植物的景观效果。

湿地植物的栽种配置要根据具体的应用环境和系统工艺来确定，对于一些应用工艺范围较广的植物类型，要充分考虑其在该工艺中的优势，能使其充分发挥自己的长处而居于主导地位。为达到全面的处理和利用效果，应进行有机的搭配，如深根系植物与浅根系植物搭配，丛生型植物与散生型植物搭配，吸收氮多的植物与吸收磷多的植物搭配，以及常绿植物与季节性植物的季相搭配等。在进行综合处理的一些工艺或工艺段中，切忌配置单一品种，以避免出现季节性的功能下降或功能单一。

三、运行方式

人工湿地的运行可根据处理规模的大小进行多种不同方式的组合，一般有单一式、并联式、串联式和综合式等（图8.6）。此外，人工湿地还可与氧化塘等系统串联组合。

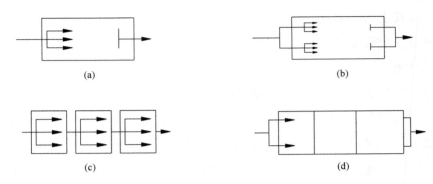

图 8.6　人工湿地的运行方式

（a）单一式；（b）并联式；（c）串联式；（d）综合式

第五节　应用情况

我国采用人工湿地技术处理污水的研究起步较晚，20 世纪 90 年代初，国家环保总局在深圳建设了国内首套真正意义上的人工湿地污水处理工程，揭开了人们研究人工湿地相关技术的序幕。近年来，随着国内水产养殖水域环境污染的压力越来越大，人工湿地技术作为一种有效的生态净化养殖水体技术逐渐受到重视，相关研究也逐步深入。研究表明，与城市污水相比，水产养殖污水具有污染物浓度低、排放量大的特点，其水处理不能像污水处理那样有较长的停留时间，且养殖水体的自身污染程度也远不及城市污水严重。因而，更加适宜建立人工湿地系统进行集中处理。相比较而言，复合式湿地池塘养殖系统较传统池塘养殖模式，可减少养殖用水 60% 以上，减少氮、磷和 COD 排放 80% 以上，具有良好的"节能、减排"效果，符合我国水产养殖可持续发展要求。

近年来，虽然各地渔业科技人员在人工湿地净化污水技术研究方面积极加大科研力度，取得了一定进展，但整体上技术仍不完善，在处理机理与应用方面还需要进一步的研究。特别是，在重金属的处理机制、病原菌的去除机理、实际应用中处理面源污水的湿地面积的设计依据，以及在湿地处理有毒污染物的过程中对自然生态系统的保护等方面，仍需要深入研究。目前的研究主要集中在淡水养殖的水处理方面，海水养殖体系的人工湿地处理系统并不多见，处理对象以鱼、虾养殖外排水为主，湿地面积也较小。因此，建立海水或半咸水人工湿地生态系统进行养殖废水的处理，也是一个值得深入研究的课题。

第九章
光合细菌在水产养殖中的应用技术

第一节　技术概述与技术机理

一、概念与应用背景

随着技术的进步与饲料行业的突飞猛进，我国水产养殖业近年来得到了迅猛发展，养殖产量和集约化程度不断提高。同时，高密度的养殖也带来了大量养殖废弃物的沉积，养殖水体的污染日趋加剧，鱼类病害频发。为此，渔业主管部门大力推广水产健康养殖技术，通过改善和控制养殖环境，使水产养殖动物保持良好的生长状态，降低病害的发生，缓解水产养殖对周边环境的污染压力。

应用微生态制剂改善水环境是实施水产健康养殖的重要举措之一。微生态制剂是从养殖动物肠道内或其生活环境中分离出来的有益微生物，采用发酵与贮藏等工艺技术制成的活菌制剂。与化学药品相比，具有无毒副作用、无污染、无残留和低成本等特点，可以有效提高养殖动物自身的免疫力，抑制病原微生物的生长，维持养殖生态平衡。按照用途，微生态制剂可分两大类：一类是水质微生态改良剂，将其投放到养殖水环境中，用以改良底质或水质，主要有光合细菌、芽孢杆菌、硝化细菌、反硝化细菌、乳酸菌等；另一类是内服微生态改良剂，将其添加到饲料中用以改良养殖动物肠道内微生物群落的组成，应用较多的有乳酸菌、酵母菌、EM 菌、芽孢杆菌等。

光合细菌（Photo Synthetic Bacteria，简称 PSB）是目前水产养殖中应用最为广泛的微生态制剂，它是一大类在厌氧条件下进行不产氧光合作用的细菌的总称。光合细菌属红螺菌目，分属于红螺菌科、着色菌科、绿杆菌科、绿色丝状菌科，共 4 科 23 属 80 余种。其中红螺科的部分属（如红假单胞菌属）能在厌氧光照或好氧黑暗条件下迅速利用低分子有机物，故可用来处理有机废水。光合细菌广泛分布于包括水田、池塘及江河湖海等各种水体中，有机物较多或污染积水处更多，在水产养殖中具有易于培养、保种容易、活菌贮藏时间长、生产成本低、应用效果明显等特点。

二、作用机理

光合细菌利用细胞内的叶绿素等光合色素，可在光照、厌氧的条件下利用太阳光能进行光合作用，但与藻类等植物不同，其光合作用不产生氧。光合细菌在进行光合作用时，其供氢体不是水，而是水体中的硫化氢或小分子有机物，结果是产生氢气，分解有机物，同时还能固定空气中的分子氮生氨。光合细菌在自身的同化代谢过程中，完成了产氢、固氮、分解有机物三个自然界物质循环极为重要的化学过程。此外，在养殖水体内，光合细菌还可以将小分子有机物作为碳源加以利用，以氨盐、氨基酸等作为氮源利用，因此光合细菌的使用可以迅速消除水体中的氨氮、硫化氢等有害物质，达到改善水质的目的。不过，光合细菌对养殖水体中的残饵、粪便等大分子有机物无法分解利用。

PSB 与其他菌种共同生存时同样具有较高的优势。在养殖水体或自然水体中红螺菌是与其他养菌是共生的，而且有机物越多的地方如鱼塘、沼泽等地，红螺菌会越多。也就是说，只要是有机质较多或废水的水体，溶解氧、光照条件合适，光合细菌就会保持一定的优势生长。因此，在养殖水体中的投放光合细菌，只要溶解氧或光照合适，均可使 PSB 处于一种高效状态，提高水质处理效果。在水质较肥、透明度偏低的水体中应用光合细菌（每亩 4~5 千克）可以避免藻类老化，提高水的透明度，到达瘦水的目的。在阴雨天的情况下，光合细菌可以代替浮游单细胞藻类进行光合作用，吸收养殖水体中过量的营养盐和氨氮，优化水环境，即使在阴雨天，也可以投放光合细菌，辅助开启增氧设备，达到降低氨氮的目的。水体透明度较高的情况下，少量施放光合细菌（每亩 1~2 千克），可以起到肥水的作用（和水体施肥配合使用）；水体的透明度 30 厘米左右，施放光合细菌，可以稳定水质，保持藻相的稳定。

第二节　光合细菌的生长条件

光合细菌的生长需要有适宜的外部环境和合理的营养条件，才能正常、快速地繁殖，产出优质的菌液。

一、适宜的外部环境

1. 基质

洁净水（一般为无菌水）、海水或加粗食盐的淡水。

2. 温度

15~45℃，最适温度 28~36℃。

3. 光照

太阳光或 4 000 勒克斯（Lx）的光源（相当于 60 瓦的白炽灯）。

4. pH 值

pH 值 6~10，最适 pH 为 8~8.5。

二、合理的营养条件

全面的营养元素与合理的配比，是光合细菌繁殖的重要条件，光合细菌能通过细胞壁有选择地吸收碳、氢、氮、磷、钾、钠、钙、镁、硫及某些微量元素。光合细菌的获能形式可概括为：

1. 光合作用获能

只要供氢体和碳源合适，所有的光合细菌都能在光照厌气条件下，通过光合磷酸化过程获得能量。

2. 脱氮或发酵获得能量

在厌氧、黑暗条件下，由有机酸产生能量或是在反硝化过程中获得能量。

3. 呼吸作用获得能量

在有氧、黑暗条件下，从有机物的氧化磷酸化中取得能量。

第三节　应用于水产养殖的一般性培养方法

一、容器培养

① 容器的选择。培养光合细菌的容器可选用日常易得的白色透光塑料瓶或玻璃瓶，如可乐瓶、矿泉水瓶、酒瓶、各种饮料瓶以及盛装食用油的塑料壶等，容积大小从 0.5 升到 10 升以上皆可使用。使用前，将容器清洗干净，晒干后备用。

② 将培养基与洁净水按比例调配好，培养基充分溶解后，作为培养液。

③ 将培养液分别倒入准备好的容器内，装至容器容积的 80% 即可。

④ 向盛有培养液的容器内加入菌种。接入量按 1∶5（菌种 1∶培养液 5）为佳，然后密封容器口，接种完毕。

⑤ 置已接种光合细菌的培养液于室外阳光下培养。4～5 天即可培养成功。在晚上或阴暗处可用 60 瓦的白炽灯补充光照，效果更佳。

⑥ 培养好的菌液投入使用：水体泼洒、拌饵等。

⑦ 若需贮存菌液，则应在阴凉黑暗处保存，以便控制光合细菌菌群的生长惯性，避免发生繁殖过盛，光合作用失衡而产生死菌（发黑、发臭）现象，一般贮存温度越高保存期越短（15℃ 以下可贮藏一年以上）。

二、土池培养

土池规格：面积 5～10 平方米，深 0.5 米，底部平整，用塑料布覆盖。向池内注入洁净水。精确计算水量，并加入相应份量的培养基和光合细菌菌液。在阳光下照射培养，一般 4～5 天即可培养成功。如需再培养，只需向池内添加一定量水和培养基即可连续再培养。此法培养中，需要适当提高菌种接种比例，接入量按 1∶3（菌种 1∶水量 3）为佳。

三、塑料袋培养

塑料袋一般选用强度较高的鱼苗专用袋，按比例向袋中加入一定量的洁净水、培养基和菌种。将袋口密封，在阳光下照射培养，一般 4~5 天即可培养成功。

四、培养期间的注意事项

1. 培养用水的处理

天然水中大量存在各种各样的细菌，为保证光合细菌的纯度，防止杂菌的繁殖干扰，在进行光合细菌培养前，应对天然水做相应的处理。根据水源的不同，处理分别如下：

（1）含氯自来水

含有余氯的自来水中，虽然各种杂菌较少，但因含有余氯，对光合细菌菌种也有杀灭作用，因此在接种光合细菌前，必须将自来水曝气 2~3 天或用硫代硫酸钠 3~10 毫克/升混合均匀（根据余氯含量决定用量），消除水中的余氯。

（2）池塘、河流、湖泊或其他天然水

可将水烧热煮开，冷却后使用。也可向水中投放强氯精，浓度为 20 毫克/升，48 天后，再用 20 毫克/升的硫代硫酸钠消除余氯后使用。

2. 光照

夏季气温过高、光照强烈的情况下，可在培养池（桶、瓶）等上方覆盖遮阳网。光射不足或为了加快培养速度，可在白天或夜间用白炽灯补充光照。

3. 菌种量

为了加快培养速度、减少杂菌数量，可以通过增加光合细菌菌种用量来实现。在实际培养过程中，菌种使用量一般在 20%～50% 进行调整。

第四节 光合细菌液的使用方法

光合细菌培养好之后，可立即施用或置低温、阴凉、黑暗处保存、待用。在使用时需要注意以下几点：

一、用量

1. 水泥苗种池

一般用量 15 克/米^3，每 5 天用一次。

2. 成鱼池、虾池、蟹池等

首次使用时用量为 3 克/米^3，以后每立方米水体用 2 克光合细菌液。每 10 天或半个月使用一次。当用量达到 3 克/米^3，会增加水的透明度，出现瘦水现象。

3. 拌饲料

苗种料按 5% 比例用量使用，成体料按 3% 比例用量使用。

二、用法

1. 外用

将菌液用水稀后，全池均匀泼洒。

2. 内服拌喂

现拌现喂。

三、注意事项

① 光合细菌不可与消毒、灭菌及抗生素等药物同时使用。使用光合细菌前后一周内不得使用消毒剂或抗生素。

② 晴天，水温 25℃ 以上使用时效果最佳，阴雨天气使用效果欠佳。

③ 为保持光合细菌的优势菌群，应注意使用的时间间隔，用量要保持连续性。

④ 使用贮存的菌液前，应放在阳光下晾晒 2~3 小时进行激活，再进行使用。

第五节　应用情况

目前，光合细菌已经广泛应用于国内的海、淡水养殖中，在水质调控、病害防治及苗种培育等方面应用效果明显。

一、应用于水质净化

光合细菌能把一般细菌分解有机物后产生的氨、氨基酸、有机酸等，在不消耗水中氧气的情况下固氮、脱氮。因此，在养殖池塘中投入适量的光合细菌，可以去除水中的氮离子和其他有机物的分解物，降低水体中的氨氮浓度，保持水质的清洁。此外，光合细菌通过吸收有害物质，促进自身生长，进而形成优势种群并释放出大量的抑菌酵素，阻碍病原菌生长。

二、应用于饲料投喂

将光合细菌的菌液以 3%~5% 的量添加至饲料中，可降低饵料系数、增强机体抗病能力，促进水产动物生长，大幅度（20%以上）提高产量。试验表明，添加菌液优于添加干燥的菌体。

三、应用于苗种培育

光合细菌应用于鱼虾蟹贝的育苗中，可促进幼体生长、变态，提高苗种成活率。光合细菌可通过净化水质，来改善幼体的发育环境，也可作为营养源直接被幼体利用。

四、作为营养丰富的饵料

光合细菌本身具有很高的营养价值，且菌体无毒，蛋白质含量高达 64.5%~66.0%，富含的氨基酸种类齐全，组成比例也比较合理。并且光合细菌的菌体还含有丰富的 B 族维生素及较高浓度且种类繁多的类胡萝素，是一些水产动物苗种阶段的优质饵料，尤其是对一些开口饵料较难以解决的幼体，光合细菌菌群可直接被鱼虾滤食。此外，光合细菌更是浮游动物的优质饵料，而浮游动物则是虾、蟹、鱼类苗种及鳙鱼等成鱼的直接饵料。

五、应用于病害防治

光合细菌能防治病害主要原因，是它能起到净化水质的作用，减少水产动物感染病菌的几率。并且，光合细菌营养价值高，具有促进动物生长的活性物质，增强了水产动物的体质，减少了病害的侵入。具体有：

① 光合细菌通过对有害物质的异养作用，达到净化水质，减少疾病的发生。

② 通过降解残饵、粪便改善水体环境，同时被直接摄食利用，增强水产动物体质。

③ 光合细菌占优势时，可抑制其他病原菌的滋生，据试验，经常使用光合细菌可有效控制烂鳃、烂尾、水霉、赤鳍等疾病的发生。

第十章
水产物联网水质监控系统

第一节　物联网的概念及其发展

一、概念

物联网（英文名称是 The Internet of things），顾名思义，就是物物相连的互联网。综合来说，物联网就是用传感器（水质传感器、RFID、摄像机等）探测、观察各种物体，通过有线或无线、长距或短距的通信手段，将这些物体网络联结，利用其本身具备的对物体实施智能控制的能力，实现网络监视、自动报警、远程控制、诊断维护的功能，智能化管理、控制、运营，达到提高自动化、减少人力、节能减排的目的。另外，物联网与云计算、图像识别等各种智能技术结合，大大扩充其应用领域，未来将是一个物联感知、智慧生活的世界。

二、物联网发展

物联网的概念是在 1999 年提出的，当时基于互联网、RFID 技术、EPC

标准，在计算机互联网的基础上，利用射频识别技术、无线数据通信技术等，构造了一个实现全球物品信息实时共享的实物互联网（简称物联网）。在当年，美国《技术评论》就提出物联网技术将是未来改变人们生活的十大技术之首。

2005 年 11 月 17 日，在突尼斯举行的信息社会世界峰会（WSIS）上，国际电信联盟发布了《ITU 互联网报告 2005：物联网》，引用了"物联网"的概念。物联网的定义和范围已经发生了变化，覆盖范围有了较大的拓展，不再只是指基于 RFID 技术的物联网。

2008 年北京大学举行的第二届中国移动政务研讨会"知识社会与创新 2.0"上，专家们提出移动技术、物联网技术的发展带动了经济社会形态、创新形态的变革，推动了面向知识社会的以用户体验为核心的下一代创新（创新 2.0）形态的形成，创新与发展更加关注用户、注重以人为本。物联网开始在中国研究与应用。

2009 年 1 月 28 日，奥巴马就任美国总统后，与美国工商业领袖举行了一次"圆桌会议"，IBM 首席执行官彭明盛首次提出"智慧地球"这一概念。

2009 年 8 月，温家宝总理在视察中国科学院物联网产业研究所时，提出了"感知中国"的理念，物联网被正式列为国家五大新兴战略性产业之一，写入政府工作报告，物联网在中国受到了全社会极大的关注。

自此以后，物联网用途越来越广泛，遍及智能交通、环境保护、政府工作、公共安全、平安家居、智能消防、工业监测、环境监测、老人护理、个人健康、花卉栽培、水系监测、食品溯源、敌情侦查和情报搜集等多个领域。

第二节 系统原理与组成

一、系统原理

基于物联网的水质监控系统在总体上由传感器感知层、网络层和应用层三部分组成。多个传感器分布在监测水域范围内，负责定时采集有关水质监测数据并通过无线通信发往网关。网关负责组织和维护整个无线传感器网络，收集各传感器节点采集的数据并存储和整理，供用户节点查询，对超标等异常情况向用户节点推送报警信息。用户可通过多种通信方式向网关查询并显示整个监控区域内各节点的水质数据（图 9.1）。

1. 物联网感知层

感知层所需要的关键技术包括检测技术、中低速无线或有线短距离传输技术等。具体来说，感知层综合了传感器技术、嵌入式计算技术、智能组网技术、无线通信技术、分布式信息处理技术等，能够通过各类集成化的微型传感器的协作实时监测、感知和采集各种环境或监测对象的信息。通过嵌入式系统对信息进行处理，并通过随机自组织无线通信网络以多跳中继方式将所感知信息传送到接入层的基站节点和接入网关，最终到达用户终端，从而真正实现"无处不在"的物联网的理念。

感知层中涉及的技术包括即传感器技术、物品标识技术（RFID 和二维码）以及短距离无线传输技术（ZigBee 和蓝牙）等技术。

在水产养殖管理系统中物联网的感知层主要用于检测养殖水质环境的检测和监控，利用各种传感器，例如：pH 值传感器、溶氧传感器、水温传感器等。它们是系统的最底层，充当着系统的"感知器官"。主要由 ZigBee 模块、

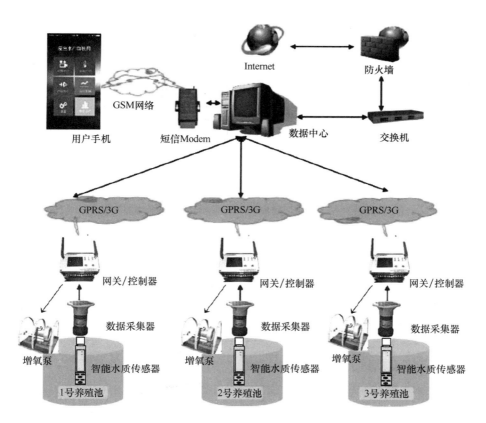

图9.1 物联网水质监控系统原理图

A/D采样模块、传感器模块、射频天线模块、显示模块、电源模块、时钟模块等组成。电路结构图如图9.2所示。其中,电源模块由可充电的锂电池组和充放电管理模块组成,支持太阳能充电。

2. 物联网网络层

物联网的价值体现在什么地方?主要在于网,而不在于物。感知只是第一步,但是感知的信息,如果没有一个庞大的网络体系,不能进行管理和整

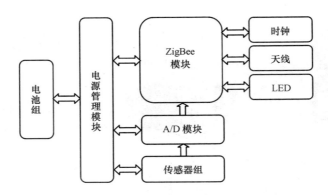

图 9.2　传感器节点电路结构图

合，那这个网络就没有意义。

物联网网络层是在现有网络的基础上建立起来的，它与目前主流的移动通信网、国际互联网、企业内部网、各类专网等网络一样，主要承担着数据传输的功能，特别是当三网融合后，有线电视网也能承担数据传输的功能。

在物联网中，要求网络层能够把感知层感知到的数据无障碍、高可靠性、高安全性地进行传送，它解决的是感知层所获得的数据在一定范围内，尤其是远距离地传输问题。同时，物联网网络层将承担比现有网络更大的数据量和面临更高的服务质量要求，所以现有网络尚不能满足物联网的需求，这就意味着物联网需要对现有网络进行融合和扩展，利用新技术以实现更加广泛和高效的互联功能。

由于广域通信网络在早期物联网发展中的缺位，早期的物联网应用往往在部署范围、应用领域等诸多方面有所局限，终端之间以及终端与后台软件之间都难以开展协同。随着物联网发展，建立端到端的全局网络将成为必须。

由于物联网网络层是建立在 Internet 和移动通信网等现有网络基础上，除具有目前已经比较成熟的如远距离有线、无线通信技术和网络技术外，为实现"物物相连"的需求，物联网网络层将综合使用 IPv6、2G/3G、WiFi 等通信技术，实现有线与无线的结合、宽带与窄带的结合、感知网与通信网的结合。同时，网络层中的感知数据管理与处理技术是实现以数据为中心的物联网的核心技术。感知数据管理与处理技术包括物联网数据的存储、查询、分析、挖掘、理解以及基于感知数据决策和行为的技术。

　　水产养殖管理系统的网络层，用来传递从感知层中获取来的信息，为实现远程监控提供了保障。网络是连接无线传感器网络和用户节点的网关设备，需要完成网络维护、数据处理和转发等多种任务，且通信接口较多。因此，网关节点将使用处理能力较强的 ARM9 系列处理器，主要包括 ARM 模块、ZigBee 模块、射频天线模块、WiFi 模块、3G/GPRS 模块、显示和按键模块、电源模块等。网关节点电路结构图如图 9.3 所示。

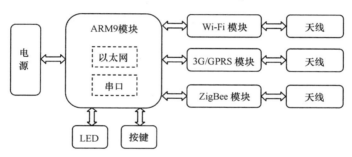

图 9.3　网关节点电路结构图

3. 物联网应用层

　　物联网最终目的是要把感知和传输来的信息更好地利用，甚至有学者认为，物联网本身就是一种应用，可见应用在物联网中的地位。下面将介绍物联网架构中处于关键地位的应用层及其关键技术。

　　应用是物联网发展的驱动力和目的。应用层的主要功能是把感知和传输来的信息进行分析和处理，做出正确的控制和决策，实现智能化的管理、应用和服务。这一层解决的是信息处理和人机界面的问题。

物联网的应用可分为监控型（物流监控、污染监控），查询型（智能检索、远程抄表），控制型（智能交通、智能家居、路灯控制），扫描型（手机钱包、高速公路行车收费）等。目前，软件开发、智能控制技术发展迅速，应用层技术将会为用户提供丰富多彩的物联网应用。同时，各种行业和家庭应用的开发将会推动物联网的普及，也给整个物联网产业链带来利润。

物联网应用层能够为用户提供丰富多彩的业务体验，然而，如何合理高效地处理从网络层传来的海量数据，并从中提取有效信息，是物联网应用层要解决的一个关键问题。应用层主要运用到 M2M 技术、用于处理海量数据的云计算技术、人工智能、数据挖掘等相关技术。在管理系统中主要用于分析各种水质参数，充当着系统的"大脑"。

用户节点可以是多种设备，如终端计算机、智能手机、平板电脑等，也可以通过串口与 PLC 等工业自动控制设备相连。

二、系统实现

建立以传感器为检测办法、物联网为通信方式、嵌入式 CPU 为逻辑判断、PLC 电路为调控手段的基于物联网池塘高产养殖水质智能调控系统（图9.4）。

系统包括水质检测、无线数据传输、自动控制与远程控制、控制设备、中心监控等 5 个部分，形成一个集监测、传输、控制为闭环的完整系统，达到自动、远程多种智能手段调控水质的目的。

1. 在线传感器水质检测

包括溶氧、pH 值、温度、氨氮、亚硝酸盐、硫化氢、水位、流量等传感

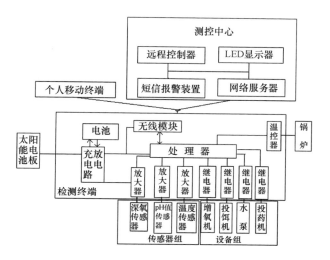

图 9.4　系统实现图

器，主要负责完成各个关键水质因子的 24 小时不间断实时精确数据采集，提供给嵌入式计算机做逻辑判断和自动控制，并传输到远程监控中心，实现在线监测。

2. 无线数据传输

采用 GPRS/CDMA、ZIGBEE 等无线网络将传感器采集到的数据上传到监控中心服务器或用户手机终端，服务器或用户手机终端可通过无线方式下达水质调控指令。

3. 控制设备

控制设备主要包括增氧机、投饵机、水泵水闸、投药机、锅炉等。增氧机用于增氧，投饵机用于精确投饵，水泵水闸用于换水，投药机用于加药，锅炉用于加温。

4. 监控中心

采用服务器接收数据，大屏幕显示数据，控制软件发出控制指令。

5. 自动控制与远程控制

控制是整个系统的核心，传感器检测水质参数，按照设定的控制门限，根据软件算法，对控制设备发出开启或停止的指令。以溶氧控制为例，当传感器检测到溶氧低于 4 毫克/升时，自动开启增氧机，并将增氧机状态传送给监控中心；当传感器检测到溶氧高于 8 毫克/升时，自动关闭增氧机，并将增氧机状态传送给监控中心。监控中心或用户也可以通过软件发出远程控制指令，开启或关闭增氧机。

第三节　系统功能的实现

一、水质在线监测

通过无线方式实时获取监测水域各监测点的水温、溶氧量和 pH 值等水质因子，数据上传至云服务器存储监测数据并形成报表/曲线等供用户查询，并对异常情况推送报警。用户通过手机、电脑等登录云服务器提供的服务，实时监测池塘水质变化。

二、水质调控

1. 智能增氧

对增氧设备的启动、关闭提供决策依据，根据设定的阀值实现手动、自动控制操作。

2. 智能投饵

对投饵机的启动、关闭提供决策依据，按需投饵。

三、视频监控

高清视频昼夜观察全场养殖的基本情况，尤其对投饵台鱼群吃食、投饵机的运行、增氧机工作状态实现不间断性观察。

四、水下视频监控

观察水下鱼的活动情况。

第四节　系统应用实例—IPA 循环流水养鱼水质在线监控系统

一、IPA 池塘循环流水养鱼简介

近年来我国正致力于推广由国外引进的低碳高效池塘循环流水养鱼（IPA）技术。该技术将传统池塘"开放式散养"模式创新为新型的池塘循环流水"圈养"模式，这是水产养殖理念的再一次革新。在流水池中"圈养"吃食性鱼类的主要目的是控制其排泄粪便的范围，并能有效地收集这些鱼类的排泄物和残剩的饲料，通过沉淀脱水处理，再变为陆生植物（如蔬菜、瓜果、花卉等）的高效有机肥。这样，我们既可以解决了水产养殖的自身污染、耗能和水资源等根本问题，同时又做到化废为宝，增加养殖户的经济效益。

与传统池塘养殖模式相比，低碳高效池塘循环流水养鱼技术具有以下优点：

① 大大地提高成活率，由于鱼类长期生活在高溶氧流水中，成活率可达到95%以上，进而有效地提高产量和生产业绩；

② 提高饲料消化吸收率，降低饲料系数；

③ 采用的气提式增氧推水设备可以降低单位产量的能耗；

④ 实现零水体排放，减少污染；

⑤ 提高劳动效率，降低劳动成本；

⑥ 多个流水池可以进行多品种养殖，避免单一品种养殖的风险，也可以进行同一品种多规格的养殖，均匀上市，加速资金的周转；

⑦ 大幅度地减少病害发生和药物的使用，提高水产品的安全性；

⑧ 日常管理操作方便，起捕率达100%；

⑨ 有效地收集养殖鱼类的排泄物和残剩的饲料，根本上解决了水产养殖水体富营养化和污染问题；

⑩ 实现室外池塘集约化、规模化、工程化和智能化养殖管理，可以全程监控，从而加速中国渔业现代化的发展。

二、物联网在 IPA 应用的意义

池塘流水养鱼技术具有密度高、产量大、循环流水养殖等特点，用空气提水设备推水增氧，利用潜水泵排污，创新低碳环保、节能减排、增产增效的养鱼模式。

1. 主要存在的危险

（1）高密度养殖缺氧危险

相比传统低密度养殖模式，缺氧有可能瞬间发生翻塘事故。

（2）推水增氧设备故障危险

空气提水设备是本循环系统的心脏，发生故障就会导致缺氧的危险发生。

（3）电力故障危险

电力是本系统的动力关键，电力故障或停电均可能导致危险发生。

（4）水质突变危险

由于养殖密度高，容易导致水质突然变差，发生鱼生病或死亡危险。

2. 化解危险的措施及意义

为解决上述危险，需要采用水质在线监测与安全预警系统，对该养殖场24小时不间断水质、增氧设备在线监测，并在水质变差、设备故障时做出应急反应，预警及控制。具体意义有：

① 水质24小时在线监测：防止缺氧，水污染预警，成活率大幅度提高。

② 智能投饵：按需投饵，节省饵料，避免污染水质。

③ 智能增氧：省电、省劳力，提高收入。

④ 水下视频监控：鱼活动及数量清晰可见。

⑤ 减少鱼病，大量减少鱼药，提高鱼的品质，增加对人体有益的氨基酸、不饱和脂肪酸等，从而提高销售价格15%。

⑥ 建立电商平台，促进水产品销售。

第五节 应用情况

早在21世纪初期，在农业生产精细管理领域，美国、加拿大等一些国家就把物联网技术应用于水产精细化养殖、工厂化养殖，开始使用溶氧传感器，实现自动增氧控制，后来又发展到物联网水质调控，智能化养殖。它们的优势在于应用物联网技术较早，水质传感器比较便宜，投入比较大，所以发展比较快。现在在一些发达国家和地区已经基本实现水产养殖自动化控制，一个人即可管理一个几千亩的养殖工厂。可以说,国外某些发达国家和地区水产养殖借助物联网技术的应用,已经从机械化进入到信息化时代。

近两年,我国高校、研究所开展了很多物联网技术在水产养殖的应用研究,并形成一些成果,在广东、江苏一些发达地区,物联网水产养殖进步比较快,养殖企业、渔民养鱼用上传感器、电脑、手机等信息化科技设备,水产养殖也开始迈入信息化时代。物联网智能控制管理系统的投运,不仅能防止鱼病损失,有效提高渔民的经济效益,还可以完善水产养殖技术。实施标准化养殖,严格控制投入品的使用以及池塘水质的净化循环,从而保证养殖生态系统的良性循环,减少水产养殖污染,提高生态环境质量。

水产物联网水质监控系统是面向水产养殖集约、高产、高效、生态、安全的发展需求,基于智能传感、无线传感网、通信、智能处理与智能控制等物联网技术开发,集水质环境参数在线采集、智能组网、无线传输、智能处理、预警信息发布、决策支持、远程与自动控制等功能于一体的首选技术,这一系统具有很高的经济和使用价值,将是一次革命性的变化。

参考文献

陈家荣，于延东.2014.成都双流县池塘低碳高效养殖模式要点介绍.渔业致富指南，（5）：29-30.

崔正国，马绍赛，曲克明.2012.人工湿地净化氮、磷及其在水产养殖中的应用研究新进展.中国渔业质量与标准，2（3）：7-15.

董金和.2013.2013年中国渔业统计年鉴解读.中国水产，（7）：19-20.

韩世成，曹广斌，蒋树义，等.2009.工厂化水产养殖中的水处理技术.水产学杂志，22（3）：54-59.

蒋明健，周春龙.2015.池塘一改五化集成养殖技术探析.渔业致富指南，（1）：25-29.

寇祥明，张家宏，李荣福，等.2015.人工湿地在治理养殖池塘富营养化水中的应用.安徽农业科学，43（8）：378-380.

李谷，吴恢碧，姚雁鸿.人工湿地在池塘循环水养殖系统中的应用与研究.全国畜禽水产养殖污染监测与控制治理技术交流研讨会，27-32.

李菊，韦布春.2013.浅析生物浮床技术在水产养殖中的应用.农民致富之友，（6）：151.

李侃权.2014.微孔曝气增氧技术要点.海洋与渔业，（10）：71-72.

李志斐，王广军，陈鹏飞，等.2013.生物浮床技术在水产养殖中的应用概况.广东农业科学，（3）：106-108.

刘焕亮，黄樟翰.2008.中国水产养殖学.北京：科学出版社.

刘佩，孙炜琳．2013. 我国水产养殖业的发展现状、存在问题及对策．安徽农业科，41（30）：11 981–11 984.

刘兴国，刘兆普，徐皓，等．2010. 生态工程化循环水池塘养殖系统．农业工程学报，26（11）：237–244.

陆忠康．2001. 简明中国水产养殖百科全书．北京：中国农业出版社.

农业部渔业渔政管理局，全国水产技术推广总站．2015. 水产养殖节能减排实用技术．北京：中国农业出版社.

农业部渔业渔政管理局．2014. 中国渔业统计年鉴．北京：中国农业出版社.

庞景贵．1998. 光合细菌在水产养殖上的应用现状．海洋信息.

全国水产技术推广总站．2013. 2013 年养殖鱼情分析．北京：中国农业出版社.

孙建富．2009. 辽宁开展节水渔业存在的问题及其对策．渔业经济研究，（1）：31–33.

唐黎标．2014. 节水渔业与淡水渔业的发展分析．黑龙江水产，（6）：3–5.

王海华，徐厚民，黄江峰，等．2003. 我国水产养殖业现状与发展对策．江西水产科技，（93）：9–12.

王韩信，史建华，施顺昌，等．2010. 人工湿地在池塘养殖中的应用研究．水产科技情报，37（5）：239–242.

王平，周少奇．2005. 人工湿地研究进展及应用．生态科学，24（3）：278–281.

王瑞梅，刘杰，史岩，等．2010. 我国水产养殖业环境污染防治研究．中国渔业经济，5（28）：108–112.

王淑红，徐贺．2014. 光合细菌在水产养殖中的应用．黑龙江水产，（3）：14–17.

王武．2009. 我国水产养殖业的现状与发展趋势．渔业致富指南，（7）：12–18.

夏军，翟金良，占车生．2011. 我国水资源研究与发展的若干思考．地球科学进展，26（9）：905–915.

谢钦铭．2013. 生态渔业实用技术．北京：海洋出版社.

许传才，尹增强，邢彬彬，等．2015. 水产通论．大连：大连海事大学出版社.

于通亮，李宗岭，孙晓静．2012. 池塘微孔曝气增氧技术应用研究．农业装备技术，38（6）：18–19.

张志华，孔令杰．2013. 微孔增氧技术在水产养殖中的应用．黑龙江水产，（3）：9–12.

中国养殖业可持续发展战略研究项目组 . 2012. 中国养殖业可持续发展战略研究（水产养殖卷）. 北京：中国农业出版社 .